\ 인공감미료 NO 색소 NO 첨가물 NO /

건강하고 시원한 우리 집 디저트

여름에도 겨울에도
아사삭 아이스

contents

chap.2 계절마다 즐기는 스무디, 그라니타, 프라페

chap.3 1년 내내 맛있는 빙수의 세계

* 이 책에서 사용하고 있는 계량 단위는, 1큰술=15㎖, 1작은술=5㎖입니다.
* 시럽 등은 러시피에서 언급한 대로 깨끗한 병 또는 밀폐용기, 지퍼백 등에 담아 반드시 냉장 또는 냉동 보관하시기 바랍니다.
* 보존 기간은 보관하여 먹을 수 있는 기간을 말합니다. 철저히 지켜주세요.
* 특별한 표기가 없는 한 이 책에서 사용하고 있는 설탕은 백설탕입니다.

1년 내내 맛있는 아이스 디저트를 즐기세요!

아이스 디저트에도 봄, 여름, 가을, 겨울, 각 계절에 어울리는 것이 있습니다. 재료를 잘 섞어서 얼리면 아이스바, 얼린 재료를 다시 곱게 부수면 스무디, 얼음을 갈아 그 위에 시럽을 듬뿍 끼얹으면 빙수! 이 세 가지만 기억하면 봄, 여름, 가을, 겨울 언제든지 맛있게 아이스 디저트를 즐길 수 있답니다. 이 책에서는 단맛을 줄여 재료 본연의 맛을 살린 아이스 디저트 레시피를 가득 담았습니다.

1장 〈생생한 과일을 가득 담은 사계절 아이스바〉에서는 다양한 재료를 얼려서 만든 아이스바를 소개합니다.
사람의 혀는 차가운 음식일수록 단맛을 잘 느끼지 못하기 때문에, 시판 아이스바에는 아무래도 당분을 많이 첨가하는 편입니다. 하지만 직접 만들면 맛도 좋고 칼로리 또한 낮출 수 있죠. 얼려 먹는 과일 샐러드의 느낌으로 한번 만들어 보세요. 여기에 과일이나 채소의 맛을 잘 담아내면, 적은 양의 당분으로도 충분히 달콤한 아이스 디저트를 맛볼 수 있습니다.

2장 〈계절마다 즐기는 스무디, 그라니타, 프라페〉에서는 얼린 재료를 다시 곱게 부수어 만드는 아이스 디저트를 소개합니다.
음료인 것 같기도 하고 아이스크림인 것 같기도 한 부드러운 식감이 특징입니다. 믹서만 있으면 스무디나 프라페를 만들 수 있고 포크만 있어도 그라니타를 손쉽게 만들 수 있어요. 재료를 미리 얼려두면 언제든지 바로 만들어 먹을 수 있다는 편리함도 인기의 비결입니다.

3장 〈1년 내내 맛있는 빙수의 세계〉에서는 얼음을 부드럽게 갈아서 그 위에 직접 만든 시럽을 끼얹은 다양한 빙수들을 소개합니다.
맛있는 빙수를 만드는 비결은 바로 제철 과일로 직접 만든 시럽에 있습니다. 얼음 자체는 아무런 맛이나 향이 없기 때문에 무엇을 올리느냐에 따라 빙수의 맛이 결정됩니다. 빙수의 단짝이라고 할 수 있는 팥 앙금과 찹쌀경단 만드는 방법도 함께 실었으니 참고해 주세요.

후쿠다 리카

아이스바의 재료와 틀

향미료

재료 본연의 맛을 살리기 위해 설탕은 최소한의 양만 사용합
니다. 과일에 향을 입히면 같은 과일이라도 다양한 맛으로
즐길 수 있습니다. 신선한 허브나 향신료, 견과류를 잘 활용
해서 한층 더 고급스러운 맛을 느껴 보세요.

1: 바닐라 빈

2: 코코넛 파인 (코코넛 열매의 가루)

3: 카다멈 (생강과의 향신료)

4: 통후추

5: 고춧가루

6: 천연소금

7: 시나몬 스틱

8: 타임

9: 민트

10: 바질

액상재료

과일과 섞는 액상재료는 크게 두 가지로 나눌 수 있습니다.
하나는 유제품으로 요거트나 우유, 생크림 등을 과일과 섞
으면 부드럽고 풍부한 맛을 냅니다. 또 하나는 식물성 음료
와 물, 그리고 술입니다. 과일 주스나 두유, 사이다, 와인
등을 과일과 섞으면 원래의 색을 예쁘게 살리면서 산뜻한
식감으로 얼릴 수 있습니다.

1: 두유

2: 생크림

3: 요거트

4: 우유

5: 100% 백포도 주스

6: 100% 감귤 주스

7: 사이다

8: 석류 주스

틀

아이스바 전용 틀을 사용하면 편리합니다. 틀의 모양과는 상관없이 아이스바 한 개의 용량은 약 50㎖입니다. 이 책에서는 한 번에 10개를 만들 수 있는 미국 폭스 럼(Fox Rum)사의 제품인 사각 틀과, 6개씩 얼릴 수 있는 일본 제품인 원형 틀을 사용합니다. 이런 전용 틀이 없어도 가지고 있는 용기를 활용해서 예쁘게 만들 수 있습니다.

1: 사각 틀

2: 원형 틀

3: 미니 머핀 틀

4: 아이스 트레이

5: 젤리 틀

6: 긴 유리컵

7: 푸딩 틀

8: 유산지 베이킹 컵

9: 투명봉지

10: 200㎖ 용량의 종이컵

11: 150㎖ 용량의 플라스틱컵

12: 30㎖ 용량의 종이컵

스트

제과 재료상이나 식품 상가, 인터넷 쇼핑몰에서 아이스 전용 나무 스틱을 판매하고 있습니다. 구하기 어렵다면 가지고 있는 소품을 활용해도 좋습니다. 뚜껑과 막대가 붙어 있는 일체형을 구입하면 몇 번이고 씻어서 다시 사용할 수 있어 편리합니다.

1: 꽃장식 이쑤시개

2: 빙과용 나무 스푼

3: 이쑤시개

4: 플라스틱 스푼

5: 티스푼

6: 나뭇가지

7: 나무 포크

8: 아이스바용 스틱

9: 나무 머들러 (음료를 젓는 막대)

10: 핫도그용 꼬치

11: 나무젓가락

12: 빨대

생생한 과일을 가득 담은
사계절 아이스바

베리×베리 샐러드

향긋한 얼음 안에 봄 과일을 가득 채운 샐러드 느낌의 아이스바.

과일이 신선하다면 얼음에 단맛이 강하지 않아야 더 맛있게 즐길 수 있답니다.

봄의 여왕 딸기를 듬뿍 넣고 기타 베리 류와 키위, 레몬, 그리고 민트도

함께 넣었습니다. 좋아하는 과일로 생생함을 가득 채워 보세요.

향기로운 봄엔 새콤달콤 아이스바

라즈베리&블루베리 버블

베리 류의 과일만이 가지고 있는 독특한 향기와 새콤한 맛은 그 어떤 재료로도
대체하기 어렵습니다. 자르지 않고 통째로 사이다 안에 꼭꼭 채워 담으면
보글거리는 거품들과 함께 얼어서, 보기만 하도 시원한 탄산 아이스바가 됩니다.
여기에 단맛은 더하지 않고 레몬의 향만 곁들여 주세요. 마지막에 레몬으로
틀 입구를 막으면 베리가 떠오르는 것도 막아준답니다.

딸기 밀크 바

언제나 사랑받는 맛의 하모니, 딸기와 우유. 요거트를 함께 섞어주면
딸기가 분리되지 않아 예쁘게 얼릴 수 있답니다. 자른 딸기의 둥근
단면이 잘 보이도록 딸기를 틀 안쪽에 붙여서 얼려 주세요.

순수 딸기

딸기 퓌레로만 가득 채운 상큼한 아이스바입니다.
잘 익은 딸기는 설탕을 따로 넣지 않아도 될 정도로
달콤하답니다. 여기에 럼주나 보드카를 3큰술 정도
더하면 어른들도 즐길 수 있는 디저트가 됩니다.

초코&그래놀라 토핑

초코와 그래놀라 토핑은, 수프에 넣어 먹는 작은 빵조각
크루통과 닮았습니다. 바삭한 식감의 초콜릿과
그래놀라는 딸기 아이스바와 환상 궁합이죠.
아이들은 물론 어른들에게도 인기 만점입니다.

라즈베리&블루베리 요거트

베리를 살짝 끓여서 만든 소스는 간단하지만 특별한 맛이 납니다.
설탕을 넣고 끓이기만 하면 베리의 색은 더욱 선명해지고,
요거트와 특히 잘 어울리는 맛이 됩니다. 베리 소스의 상큼한 맛과
요거트의 풍부한 맛은, 신기하게도 달콤한 아이스바를 만들어줍니다.
완전히 섞지 않고 마블 무늬를 살려서 얼려 보세요.
꽃잎처럼 아름다운 아이스바를 즐길 수 있답니다.

베리×베리 샐러드

재료 50㎖ 용량의 틀 6개 분량 (사진 A)

※ **a** : 물 280㎖, 설탕 2큰술 반, 소금 약간

딸기 6알
둥글게 썬 키위 3조각
둥글게 썬 레몬 3조각
민트 잎 12장
블루베리(생과일 또는 냉동) 12알
라즈베리(생과일 또는 냉동) 6알

1 a를 한데 넣고 소금과 설탕이 녹을 때까지 섞는다. 잘 녹지 않으면 살짝 데워서 완전히 녹인 다음 식힌다.

2 딸기는 꼭지를 제거하고 길게 반으로 자른다. 둥글게 썬 키위와 레몬을 반달 모양으로 자른다.

3 딸기의 뾰족한 부분이 아래를 향하도록 틀 안에 넣고 양쪽 구석에 민트 잎을 하나씩 넣는다. 사이사이에 남은 과일을 채워 넣고 1을 틀의 끝까지 부어서 가득 채운다(사진 B).

4 3의 과일들이 고르게 흩어져 예쁘게 얼도록 틀 안에 젓가락을 넣어 과일의 위치를 조정한다. 뚜껑을 덮고 스틱을 꽂은 다음(사진 C) 냉동실에 넣어 3시간 정도 얼린다. 실온에 꺼내 잠깐 두면 틀에서 쉽게 뺄 수 있다.

※ 물과 설탕 대신 색이 연한 시판 주스(사과나 포도 등으로 만든 100% 과일 주스나 레몬 주스)를 넣으면 칼로리를 좀 더 낮출 수 있습니다.

라즈베리&블루베리 버블

재료 50㎖ 용량의 틀 6개 분량

라즈베리(생과일 또는 냉동) 18알
블루베리(생과일 또는 냉동) 27알
사이다 250㎖
둥글게 썬 레몬 6조각

1 두 종류의 베리를 틀 안에 골고루 담고 사이다를 붓는다. 이때 레몬 조각을 얹을 수 있을 정도의 공간을 남겨둔다(사진 D).

2 둥글게 썬 레몬을 위에 올리고 스틱을 꽂은 다음 냉동실에 넣어 3시간 정도 얼린다. 실온에 꺼내 잠깐 두면 틀에서 쉽게 뺄 수 있다.

딸기 밀크 바

재료 50㎖ 용량의 틀 6개 분량

※ **a** : 우유 150㎖, 플레인 요거트 150㎖, 설탕 3큰술
딸기 6알

1 a를 한데 넣고 설탕이 녹을 때까지 잘 섞는다.

2 딸기는 꼭지를 제거하고 둥근 모양으로 얇게 썬다(사진 E). 틀의 안쪽에 딸기를 붙이고, 1을 틀의 끝까지 부어서 가득 채운다.

3 딸기가 고르게 흩어져 예쁜 모양으로 얼 수 있도록 틀 안에 젓가락을 넣어 딸기의 위치를 조정한다. 뚜껑을 덮고 스틱을 꽂은 다음 냉동실에 넣어 3시간 정도 얼린다. 실온에 꺼내 잠깐 두면 틀에서 쉽게 뺄 수 있다.

A

B

C

D

E

순수 딸기

재료 50㎖ 용량의 틀 6개 분량

딸기 1팩 (300g)

우유 3큰술

설탕 2큰술 (기호에 따라 생략 가능)

1 딸기는 꼭지를 제거하고 큼직하게 썰어서 나머지 재료들과
함께 믹서에 넣고 간다. 으깬 정도는 기호에 맞게 조절하
며, 딸기 덩어리가 살짝 씹히는 정도도 맛있다.

2 1을 틀의 끝까지 부어서 가득 채운다(사진F). 뚜껑을 덮고
스틱을 꽂은 다음 냉동실에 넣어 3시간 정도 얼린다. 실온
에 꺼내 잠깐 두면 틀에서 쉽게 뺄 수 있다.

* 우유 대신 두유나 코코닛 밀크, 아몬드 밀크를 넣으면 채식 딸기
퓨렌 아이스바가 됩니다.

초코 & 그래놀라 토핑

재료 50㎖ 용량의 틀 6개 분량

딸기 퓌레 아이스바('순수 딸기' 레시피 참조) 6개

판 초콜릿(다크) 2개

그래놀라 2/3컵

1 딸기 퓌레 아이스바를 틀에서 뺀 다음 바닥이 평평하고 얕
은 용기 안에 나란히 담아 다시 냉동실에 넣어둔다.

2 잘게 다진 초콜릿을 볼에 넣고 50℃의 물에 중탕한다. 덩
어리가 없이 매끄럽게 녹을 때까지 스푼으로 골고루 저어
주고, 그래놀라는 별도의 용기(또는 볼)에 담는다.

3 녹은 초콜릿에 아이스바를 담갔다가 꺼내서 재빨리 그래놀
라를 묻힌다(사진G).

* 그래놀라 대신 견과류나 적당한 크기로 부순 쿠키를 묻혀도 맛있
는 토핑이 됩니다.

라즈베리 & 블루베리 요거트

재료 50㎖ 용량의 틀 6개 분량

라즈베리 시럽 (만들기 쉬운 분량)

　├ 라즈베리(생과일 또는 냉동) 40g

　├ 줄기에서 긁어낸 바닐라 빈 1cm 분량

　└ 설탕 2큰술

블루베리 시럽 (만들기 쉬운 분량)

　├ 블루베리(생과일 또는 냉동) 40g

　├ 줄기에서 긁어낸 바닐라 빈 1cm 분량

　├ 설탕 2큰술

　└ 물 1작은술

플레인 요거트 300㎖

설탕 1큰술

1 작은 냄비에 라즈베리 시럽의 재료를 모두 넣는다. 걸쭉해
질 때까지 나무주걱으로 가볍게 으깨면서 3분 정도 끓인
다음 차 거름망에 내려 씨를 제거한다.

2 또 다른 작은 냄비에는 블루베리 시럽의 재료를 모두 넣는
다. 껍질 밖으로 과즙이 터져 나올 때까지 나무주걱으로
가볍게 저으면서 3분 정도 끓인다.

3 1과 2가 한 김 식으면 테이블 나이프로 시럽을 떠서 틀 안
쪽 면에 군데군데 바른다(사진 H).

4 요거트에 설탕을 넣고 잘 섞은 다음 절반씩 나눈다. 각각
의 요거트에 시럽을 1큰술씩 넣고 마블 무늬가 생길 정도
로만 섞어서 3의 틀 끝까지 부어 가득 채운다. 뚜껑을 덮
고 스틱을 꽂은 다음(사진 I) 냉동실에 넣어 3시간 정도 얼
린다. 실온에 꺼내 잠깐 두면 틀에서 쉽게 뺄 수 있다.

무더위로 입맛을 잃는 여름엔 상큼하고 시원한 아이스바

한입에 쏙~ 피치멜바

피치멜바(Peach Melba)는 프랑스의 전설적인 요리사
에스코피에가 멜바라는 가수를 위해 만든 디저트입니다.
복숭아 콩포트와 라즈베리 소스가 어우러진, 세계적으로
유명한 이 아이스 디저트를 간단하고도 새로운 방법으로
만들어 봤습니다. 먹다 보면 나도 모르게 콧노래가
나오는 맛이랍니다.

허브 아이스 볼

냉동실에 넣고 얼리기만 하면 간단히 만들 수
있습니다. 빙과가 너무 빨리 녹지 않도록
지켜주는 것은 물론, 모양이 시원하고 예뻐서
파티에도 아주 잘 어울린답니다.

망고&치즈 케이크
화이트 초코&코코넛 토핑

망고는 유제품과 무척 잘 어울리는 과일입니다. 크림치즈와 함께 믹서에 넣고
섞어주기만 하면 최고의 치즈 케이크 완성! 여기에 화이트 초코와 코코넛으로
토핑까지 올리면, 귀한 손님을 위한 더할 나위 없이 훌륭한 디저트가 됩니다.

진저&시나몬 파인애플

잘 익은 파인애플에 생강을 듬뿍 넣는 것이 포인트! 진한 단맛에 알싸하게
퍼지는 매운 향은, 한여름 더위에 지친 몸과 마음을 회복시켜 준답니다.
젤리 틀을 이용해서 귀여운 모양으로 만들어 보세요. 도일리 페이퍼에
스틱을 꽂아 얼리면 얼음이 녹아도 마지막까지 깔끔하게 즐길 수 있습니다.

토마토 핫 가스파초

냉 토마토 수프인 가스파초를 그대로 얼려서 만든 쯘짤한 맛의 아이스 팝!

매운 고추와 후추가 들어가 아이스인데도 뜨거운 맛이 납니다!

지독하게 더운 여름에는 활기를 불어넣어 줄 매운맛의 아이스바를 드셔 보세요.

단맛을 좋아하지 않는 사람도 이 아이스바라면 맛있게 즐길 수 있답니다.

한입에 쏙~ 피치멜바

재료 15㎖ 용량의 아이스 트레이 21개 분량

라즈베리 시럽 (만들기 쉬운 분량)
┌ 라즈베리(생과일 또는 냉동) 40g
└ 설탕 2큰술
복숭아(백도) 2개
레몬즙 1작은술
플레인 요거트 100㎖
설탕 2큰술
레몬 적당량

사전 준비 이쑤시개 끝에 잘라둔 레몬 조각을 끼워둔다(27쪽 사진 참조).

1 라즈베리 시럽의 재료를 믹서에 넣고 부드럽게 갈아준다. 차 거름망에 내려 씨를 제거한 다음 아이스 트레이의 각 칸마다 1/3만 채워 넣는다(아래 사진).

2 복숭아는 껍질을 벗기고 큼직하게 썰어서 나머지 재료들과 함께 믹서에 넣고 곱게 간다. 스푼으로 떠서, 라즈베리 시럽이 담긴 아이스 트레이의 각 칸마다 90% 정도까지 채운다.

3 2의 가운데에 미리 준비해둔 레몬 이쑤시개를 꽂은 다음 냉동실에 넣어 3시간 정도 얼린다. 실온에 꺼내 잠깐 두면 아이스 트레이를 비틀어서 쉽게 뺄 수 있다.

허브 아이스 볼

재료 1개 분량

큰 볼 1개
작은 용기 1개
좋아하는 허브(민트, 타임 등) 적당량

1 큰 볼의 60% 정도까지 물을 붓고 그 가운데에 작은 용기를 넣어 셀로판테이프로 고정시킨다. 이때 작은 용기가 떠오르려고 하면 물을 채워서 무겁게 만든다.

2 볼 안의 물이 80% 정도까지 차오르도록 수위를 조절한다. 볼과 용기 사이에 허브를 넣고 냉동실에 넣어 얼린다. 수면이 얼었으면 볼의 끝까지 물을 가득 채운 다음 다시 냉동실에 넣어 완전히 얼린다(아래 사진).

* 이렇게 하면 허브가 수면에 뜨지 않아요.

3 볼을 물에 살짝 적시면 얼음을 쉽게 뺄 수 있다. 접시 위에 올리고 그 안에 좋아하는 아이스바를 예쁘게 담는다.

망고&치즈 케이크

재료 30㎖ 용량의 종이컵 12개 분량

망고 큰 것 1개 (또는 냉동망고 과육 200g)
크림치즈 100g
플레인 요거트 70㎖
사탕수수설탕 3큰술
소금 약간

1 망고는 껍질을 벗겨서 씨를 빼고, 크림치즈는 2cm 정도로 깍둑썰기한다.

2 1을 나머지 재료들과 함께 믹서에 넣고 곱게 갈아준 다음, 스푼으로 떠서 유산지 베이킹컵의 끝까지 가득 채운다(아래 사진).

3 스틱의 폭에 맞춰 구멍을 낸 알루미늄 포일을 베이킹컵에 덮어씌운다. 그 구멍에 스틱을 꽂으면 단단히 고정되어 얼리는 동안 옆으로 쓰러지지 않는다. 냉동실에 넣어 3시간 정도 얼린 다음 실온에 꺼내 잠깐 두면 틀에서 쉽게 뺄 수 있다.

화이트 초코&코코넛 토핑

재료 30㎖ 용량의 종이컵 12개 분량

망고&치즈 케이크(18쪽 참조) 12개

판 초콜릿(화이트) 2개

코코넛 파인 1/3컵

사전 준비 망고&치즈 케이크는 틀에서 뺀 다음 바닥이 평평하고 얕은 용기 안에 나란히 담아서 다시 냉동실에 넣어둔다.

1 잘게 다진 화이트 초콜릿을 볼에 넣고 50℃의 물에 중탕한다. 덩어리가 없이 매끄럽게 녹을 때까지 스푼으로 골고루 저어주고, 코코넛 파인은 별도의 용기(또는 볼)에 담는다.

2 녹은 초콜릿에 망고&치즈 케이크의 바닥 부분만 담갔다가 꺼내서 재빨리 코코넛 파인을 묻힌다(아래 사진).

진저&시나몬 파인애플

재료 120~150㎖ 용량의 틀 2개 분량

파인애플(껍질 벗긴 무게) 300g

생강 2cm 크기 한 조각

꿀 1큰술

시나몬 스틱 약간

레이스 도일리 페이퍼(지름 10㎝ 정도) 2장

사전 준비 결정화된 꿀은 뜨거운 물을 약간 부어서 녹여둔다.

1 파인애플은 큼직하게 썰어 생강, 꿀과 함께 믹서에 넣고 곱게 간다. 으깬 정도는 기호에 맞게 조절하며, 작은 덩어리가 약간 남아 있는 상태도 갓있다.

2 1을 틀의 끝까지 부어서 가득 채우고, 그 위에 적당한 크기로 부순 시나몬 스틱을 뿌린다. 가운데에 플라스틱 스푼을 꽂은 다음 스푼 손잡이의 폭에 맞게 구멍을 낸 알루미늄 포일을 덮어씌운다(이렇게 하면 단단히 고정되어 얼리는 동안 스푼이 옆으로 쓰러지지 않는다). 냉동실에 넣어 3시간 동안 얼린다.

3 실온에 꺼내 2의 알루미늄 포일을 제거한다. 가운데에 칼집을 낸 레이스 도일리 페이퍼를 스푼의 손잡이에 맞춰 끼운 다음(아래 사진) 틀에서 뺀다.

토마토 핫 가스파초

재료 50㎖ 용량의 틀 6개 분량 (아래 사진)

방울토마토 12개

바질 6장

통후추 18알

※ **a** : 토마토 4개(퓌레 상태의 무게 280g), 레몬즙 1작은술, 고춧가루 1/4작은술(또는 타바스코소스 몇 방울), 소금 1/4작은술

1 방울토마토는 꼭지를 제거하고 8㎜ 두께로 둥글게 썬다. 단면이 보이도록 틀 안에 넣고 바질과 후추도 함께 넣는다.

2 토마토는 꼭지를 제거하고 껍질째 큼직하게 썬다. **a**의 나머지 재료와 함께 믹서에 넣고 곱게 갈아서 1의 틀에 가득 채운다.

3 1이 고르게 흩어져서 예쁜 모양으로 얼 수 있도록 틀 안에 젓가락을 넣어 재료들의 위치를 조정한다. 뚜껑을 덮고 스틱을 꽂은 다음 냉동실에 넣어 3시간 정도 얼린다. 실온에 꺼내 잠깐 두면 틀에서 쉽게 뺄 수 있다.

* 토마토 대신 100% 토마토 주스(280㎖)를 사용해도 좋습니다.

체리&와인

일 년 중 아주 잠깐 맛볼 수 있는 체리. 실컷 먹고 싶지만
어쩐지 늘 아쉽습니다. 남은 화이트 와인에 체리를 넣고
얼리면 초여름 밤의 멋진 애피타이저 와인으로 즐길 수
있답니다. 외국산 체리로도 맛있게 만들 수 있어요.

시드르*에 담긴 오렌지 민트

오렌지와 민트가 만났을 때의 향기만큼 멋진 것은
없답니다. 믹서에 함께 넣고 갈아서 얼려 주세요.
여기에 시드르만 부으면 향긋한 프로즌 칵테일이
완성됩니다. * 사과즙을 원료로 한 발효주

체리&와인

재료 50㎖ 용량의 틀 6개 분량

체리 30개

화이트 와인 270㎖

시판 시럽(또는 67쪽 설탕 시럽) 2큰술

1 체리는 씻어서 물기를 빼고 틀에 5개씩 담는다.

2 화이트 와인에 시럽을 넣고 섞어서 1의 틀 80% 정도까지 붓는다(위 사진). 티스푼을 틀의 가장자리에 비스듬히 걸쳐서 대각선으로 세우고(20쪽 사진 참조), 알루미늄 포일을 덮어서 고정시킨다. 냉동실에 넣어 3시간 정도 얼린 다음 실온에 꺼내 잠깐 두면 틀에서 쉽게 뺄 수 있다.

* 와인 대신 100% 포도 주스로 만들어도 맛있습니다.

시드르에 담긴 오렌지 민트

재료 50㎖ 용량의 틀 6개 분량

오렌지 4개

민트 잎 10장

시드르(발포성 사과주) 500㎖

1 오렌지는 껍질을 벗기고 큼직하게 썰어서 씨와 질긴 심 부분을 제거한다. 민트 잎과 함께 믹서에 넣고 곱게 간다.

2 1을 틀의 80% 정도까지 붓고 한가운데에 스틱을 꽂는다. 스틱의 폭에 맞춰 구멍을 낸 알루미늄 포일을 틀에 덮어씌운다(위 사진).

* 이렇게 하면 스틱이 단단히 고정돼 얼리는 동안 옆으로 쓰러지지 않아요.

3 냉동실에 넣어 3시간 정도 얼린 다음 꺼내 실온에 잠깐 둔다. 틀에서 빼내 유리컵에 담고 시드르를 조금 붓는다.

* 위 사진의 원뿔형 종이컵처럼, 모양은 재미있지만 세워둘 수 없는 용기를 틀로 사용하고 싶을 때는 컵과 같은 다른 용기 안에 넣어 세워두면 잘 고정돼 실패 없이 얼릴 수 있습니다.

* 시드르 대신 샴페인을 넣어도 맛있습니다.

늦더위로 지치는 가을엔 에너지 충전 아이스바

애플 시나몬 수프

제가 제일 좋아하는 살짝 끓인 사과 수프. 조금 색다르게 얼려봤더니
시나몬과 꿀의 향이 풍부한 아이스바가 되었습니다. 시판 파이 과자를
함께 곁들이면 즉석 아이스 애플파이! 자그마하게 만들어두면,
매일 먹을 수 있는 간식으로 그만입니다.

포도 아이스 플레이트

서리가 내린 어느 아침, 연못에는 살얼음이 얼었습니다. 살며시 손으로 잡으면
가볍게 부서지는 그 느낌을 아이스바로 재현해 보았습니다.
얇게 썬 포도를 포도주스 안에 가득 채워 담은 이 플레이트는, 부수는 재미를
먼저 맛볼 수 있답니다. 적당한 크기로 나누었다면 손으로 집어서 드셔 보세요.

무화과&메이플 시럽

무화과를 얼리면 천연 셔벗이 됩니다.
혀끝에 닿는 끈적하고 묵직한 느낌과 톡톡 씹히는 느낌은,
무화과만이 가진 독특한 매력이랍니다.
단맛은 메이플 시럽으로 은은하게 내고,
과육은 너무 많이 으깨지 않는 것이 좋습니다.
알알이 터지는 씨앗의 식감도 함께 즐겨 보세요.

한입 아보카도 크림

'숲 속의 버터'라 불릴 만큼 크리미한 과일, 아보카도.

퓌레 상태로 만들어서 얼리면

그야말로 '숲 속의 크림치즈 케이크' 맛이 납니다.

하나만 먹어도 충분히 느낄 수 있도록

그 진한 맛을 한입 크기에 모두 담았습니다.

크림 안에 숨어 있는 작은 레몬 조각은

마무리로 청량감까지 더해줍니다.

애플 시나몬 수프

재료 30㎖ 용량의 틀 10개 분량

사과 1개 (껍질을 벗긴 무게 300g)

물 80㎖

꿀 1큰술

시나몬 파우더 1/4작은술

1 사과는 껍질과 심을 제거하고 큼직하게 썰어서 물과 함께
  믹서에 넣고 곱게 간다(강판에 갈아도 됨).

2 작은 냄비에 1과 꿀, 시나몬 파우더를 넣고 중간 불에 올린
  다. 나무주걱으로 저으면서 2분 정도 끓인 다음 불을 끈다
  (아래 사진).

3 2를 틀의 끝까지 부어 가득 채운다. 스틱의 폭에 맞춰 구멍
  을 낸 알루미늄 포일을 틀에 덮고 구멍에 스틱을 꽂는다.
  냉동실에 넣어 3시간 정도 얼린 다음 실온에 꺼내 잠깐 두
  면 틀에서 쉽게 뺄 수 있다.

포도 아이스 플레이트

재료 25 X 18cm 크기의 바닥이 평평하고 얕은 용기 1개 분량

꿀 1큰술

백포도 주스 400㎖

좋아하는 품종의 포도 10~15알

사전 준비 결정화된 꿀은 뜨거운 물을 약간 부어서 녹인 다음
주스와 섞어둔다.

1 포도는 4㎜ 두께로 얇게 썰어서 바닥이 평평하고 얕은 용
  기 안에 그림을 그리듯 예쁘게 올린다(아래 사진).

2 1에 주스를 천천히 따르고 용기 전체에 랩을 씌워서 냉동
  실에 넣는다.

3 2가 반 정도 얼었을 때 예쁜 모양으로 얼 수 있도록 젓가락
  으로 포도의 위치를 조정한다. 이것을 다시 냉동실에 넣어
  2시간 정도 완전히 얼린 다음 실온에 꺼내 잠깐 둔다. 용
  기에서 빼내 적당한 크기로 부수어 그릇에 담는다.

무화과 & 메이플 시럽

재료 200㎖ 용량의 종이컵 3개 분량

무화과 3개 (300g)

메이플 시럽 4큰술

1 무화과는 껍질을 벗기고 큼직하게 썰어서 메이플 시럽과
  함께 믹서에 넣고 간다. 으깬 정도는 기호에 맞게 조절하
  며, 무화과 덩어리가 약간 남아 있는 상태라도 맛있다.
2 1을 종이컵 3개에 똑같은 양으로 나누어 담고 컵의 입구를
  반으로 접는다. 한가운데에 스틱을 꽂고 클립으로 집어 고
  정시킨다(아래 사진). 냉동실에 넣어 3시간 정도 얼린 다음
  실온에 꺼내 잠깐 두면 종이컵에서 쉽게 뺄 수 있다.

한입 아보카도 크림

재료 25㎖ 용량의 미니 머핀 틀 12개 분량

※ a : 잘 익은 아보카도 1개, 레몬즙 1작은술, 플레인 요거트 110㎖,
　　　메이플 시럽 90㎖

레몬 조각 적당량

사전 준비 꽃장식 이쑤시개(일반 이쑤시개도 가능)의 끝에 레몬
  조각을 끼워둔다(아래 사진).
1 아보카도는 껍질과 씨를 제거하고 큼직하게 썰어서 a의 나
  머지 재료들과 함께 믹서에 넣고 곱게 간다.
2 1을 스푼으로 떠서 틀의 90% 정도까지 채우고, 한가운데
  에 꽃장식 이쑤시개를 꽂는다. 냉동실에 넣어 3시간 정도
  얼린 다음 실온에 꺼내 잠깐 두면 틀에서 쉽게 뺄 수 있다.

　* 이 쑤시개나 핫도그용 꼬치처럼 가늘고 뾰족한 막대를 손잡이로 사
  용하는 경우, 아이스바를 틀에서 분리할 때 손잡이만 빠질 수 있
  습니다. 막대 끝에 레몬이나 과일 조각을 미리 꽂아두면, 조각이
  얼음 안에 걸려 있기 때문에 손잡이만 따로 빠져나오는 것을 막아
  줍니다. 또한 마지막 한입의 즐거움이 되기도 하지요.

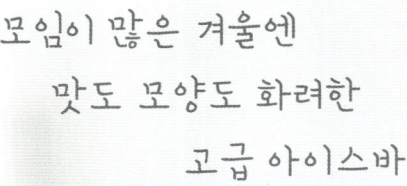

모임이 많은 겨울엔
맛도 모양도 화려한
고급 아이스바

귤×시트러스 샐러드

아사삭 베어 먹는 아이스 샐러드입니다.

껍질이 얇아 바로 먹을 수 있고,

달콤한 과즙도 듬뿍인 귤이 그대로 들어 있습니다.

여기에 한라봉이나 그레이프 푸르츠도 함께 넣고 얼려서

새로운 맛의 아이스바를 만들어 보세요.

키위 아이스 스틱

동남아시아의 친근한 거리 음식 스타일의 막대 모양 아이스바.
가위로 매듭만 자르면 간편하게 먹을 수 있답니다.
어릴 적 즐겨 먹던 추억의 '쭈쭈바'보다
생과일로 만들어서 더욱 자연스러운 맛입니다.
넉넉하게 만들어서 간식으로 준비해두세요.

피스타치오&카다멈 쿨피

쿨피(kulfi)는 우유를 졸여서 만든 인도의 전통 아이스크림입니다.
카다멈으로 청량한 향을 더하고, 피스타치오를 듬뿍 묻혀
부드럽고 산뜻한 맛이 나는 이 아이스바는
땀이 날 정도로 매운 카레 요리의 입가심으로 그만입니다.

바나나 단팥 두유

'일본식 아이스바'라고 하면 뭐니 뭐니 해도 역시 단팥 아이스!

여기에 바나나를 넣어주면 쫀득한 식감까지 더해져 더욱 맛있어집니다.

두유와 팥의 고소함이 서로 잘 어울리는 이 아이스바는,

채식을 위한 디저트로도 손색이 없답니다.

팥 앙금이 자연스럽게 가라앉으면서 생긴 그러데이션이

한입, 한입 베어 물수록 맛의 변화를 느끼게 해줍니다.

귤×시트러스 샐러드

재료 50㎖ 용량의 틀 6개 분량

둥글게 썬 귤 6장

둥글게 썬 한라봉 3장

둥글게 썬 그레이프 푸르츠(또는 자몽) 3장

둥글게 썬 레몬 6장

타임 줄기 6개

100% 감귤 주스(또는 석류 주스) 280㎖

레몬 조각 적당량

사전 준비 핫도그용 꼬치 끝에 레몬 조각을 끼워둔다(27쪽 사
진 참조).

1 귤, 한라봉, 그레이프 푸르츠는 껍질을 벗기고 7㎜ 두께로
둥글게 썰어서 씨를 제거한다. 한라봉과 그레이프 푸르츠
는 다시 반으로 자르고, 레몬은 껍질째 2㎜ 두께로 둥글게
썬다.

2 틀 안에 귤을 넣고 사이사이에 나머지 재료들을 채워 넣은
다음 주스를 틀의 끝까지 부어 가득 채운다(아래 사진).

3 과일들이 고르게 흩어져서 예쁜 모양으로 얼 수 있도록 틀
안에 젓가락을 넣어 과일의 위치를 조정한다. 레몬을 끼운
핫도그용 꼬치를 꽂고 그 위에 알루미늄 포일을 덮어씌운
다. 냉동실에 넣어 3시간 정도 얼린 다음 실온에 꺼내 잠깐
두면 틀에서 쉽게 뺄 수 있다.

＊ 28쪽의 빨간색 아이스바가 석류 주스로 만든 것입니다. 당근 주스
로 만들어도 맛있습니다.

키위 아이스 스틱

재료 4cm X 20cm인 식재료용 비닐봉지 12개 분량 (1개＝70㎖)

잘 익은 키위 8개

물 200㎖

레몬즙 2작은술

설탕 3큰술

사전 준비 높이 10~15cm 정도의 빈 병을 준비한다.

1 키위는 껍질을 벗기고 큼직하게 썰어서 나머지 재료들과
함께 믹서에 넣고 간다.

＊ 키위는 씨가 으깨지면 쓴맛이 나기 때문에 너무 오래 갈지 않도록
합니다. 3초간 작동시켰다가 멈추기를 몇 차례 반복하면서 부드
럽게 갈아주는 것이 좋습니다.

2 비닐봉지를 병 안에 세워 넣고 깔때기를 봉지 입구에 끼운
다음 **1**을 2/3 높이까지 붓는다(아래 사진). 빈틈없이 골고루
잘 채워졌으면 봉지의 입구를 단단히 매듭으로 묶는다.

3 냉동실에 넣어 3시간 정도 얼린다. 가위로 매듭을 자르면
손에 묻히지 않고 먹을 수 있다.

피스타치오&카다멈 쿨피

재료 120㎖ 용량의 푸딩 틀 5개 분량

우유 1ℓ
연유 130g
설탕 4큰술
카다멈 파우더 1/8작은술 (또는 카다멈 2개)
피스타치오 30알

1 냄비에 우유와 연유, 설탕을 넣고 중간 불에 올린다. 살짝 끓으면 불을 약하게 줄인 다음 나무주걱으로 천천히 저으면서 계속 끓인다(아래 사진). 표면에 막이 생기면 잘 저어서 섞어준다.
* 우유는 끓어 넘치기 쉬우므로 주의합니다. 약하게 보글보글 끓는 정도를 유지하는 것이 좋습니다.

2 1의 양이 절반(약 500㎖)으로 줄 때까지 30분 정도 더 끓인다. 우유가 약간 걸쭉해지고 연한 미색이 되면 불에서 내린다.
* 넓은 냄비를 사용하면 보다 빨리 우유를 줄일 수 있답니다.

3 2에 카다멈 파우더를 넣고 잘 섞은 다음 국자로 떠서 준비한 틀에 고르게 나누어 담는다. 스틱의 폭에 맞춰 구멍을 낸 알루미늄 포일을 틀에 덮어씌운다. 구멍에 스틱을 꽂으면 단단히 고정되어 얼리는 동안 옆으로 쓰러지지 않는다. 냉동실에 넣어 4시간 정도 얼린다. 실온에 꺼내 잠깐 두면 틀에서 쉽게 뺄 수 있다.
* 카다멈을 좋아하지 않는다면 대신 바닐라 빈을 넣어도 좋습니다.

4 피스타치오를 잘게 다져서 먹을 때마다 듬뿍 묻힌다.

바나나 단팥 두유

재료 50㎖ 용량의 틀 6개 분량

두유 250㎖
통단팥 앙금(통조림 제품 또는 64쪽의 기본 통단팥 앙금) 6큰술
둥글게 썬 바나나 18장
레몬즙 조금

사전 준비 나무젓가락을 3벌 준비해서 모두 떼어둔다.

1 계량컵 등에 두유와 통단팥 앙금을 넣고 잘 섞는다.

2 바나나는 껍질을 벗기고 7㎜ 두께로 둥글게 썰어서 레몬즙을 뿌린다(변색 방지). 틀에 3장씩 넣고 1을 틀의 끝까지 부어서 가득 채운다(아래 사진).

3 바나나가 고르게 흩어져서 예쁜 모양으로 얼 수 있도록 틀 안에 젓가락을 넣어 위치를 조정한다. 나무젓가락을 틀의 가장자리에 비스듬히 걸쳐서 대각선으로 꽂고 알루미늄 포일을 덮어씌운다. 냉동실에 넣어 3시간 정도 얼린 다음 실온에 꺼내 잠깐 두면 틀에서 쉽게 뺄 수 있다.
* 통단팥 앙금이 아닌 삶은 팥 통조림을 사용하는 경우에는 사탕수수설탕 1~2큰술 정도를 1에 첨가해서 단맛을 조정하세요.

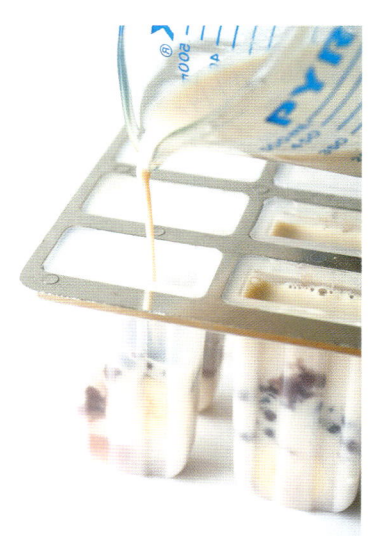

모두 모여 아이스 디저트 파티!

2색 소금 수박

노랑, 빨강 두 가지 색의 수박을 얼리기만 해도 멋진 디저트가 됩니다.
수박에 스틱을 꽂아 얼리면 마지막까지 깔끔하게 즐길 수 있답니다.
한입에 다 먹지 않고 천천히 녹여서 먹는 아이스 수박은
느긋하게 즐기는 파티 분위기에 딱 맞습니다.
취향에 맞게 소금을 뿌려서 드셔도 좋아요.

2층 멜론 타워

멜론은 익은 정도에 따라 과즙의 양과 당도가 크게 달라집니다.

잘 익은 멜론이라면 꿀이나 설탕이 필요 없지요.

붉은색과 연녹색의 과육을 층을 나눠 얼리니

더욱 고급스러운 느낌의 디저트가 되었죠?

빨대를 손잡이로 만들어 컵과 함께 들고 다니면,

멜론이 녹아도 스무디를 즐기듯 맛있게 마실 수 있고,

손이 자유로워져 좀 더 편하게 이야기를 나눌 수도 있답니다.

에스프레소 레몬 케이크

홀 케이크는 파티에 없어서는 안 될 주인공! 등장하는 순간 환호성이 터지죠.

아이스크림 메이커 없이도, 레몬 커드와 생크림을 섞어주기만 하면

진하고 부드러운 아이스케이크를 만들 수 있답니다.

새콤달콤한 레몬에, 쌉싸래하지만 깊은 에스프레소 향을 더한 고급스러운 맛입니다.

딸기 핑거 파르페

10월부터 이듬해 5월까지 맛볼 수 있는 딸기. 제철 과일이 많지 않을 때
요긴하게 먹을 수 있는 귀한 보물입니다. 한겨울의 생일, 크리스마스,
송년 모임, 설날, 밸런타인데이, 부활절 등 여러 축하 파티에서도
한몫 단단히 하는 고마운 과일입니다. 손가락으로 집어서 한입에 쏙 먹을 수
있는 딸기 핑거 파르페는, 그야말로 파티를 위해 태어난 디저트랍니다.

2색 소금 수박

재료 10인 분량

수박(대) 붉은색 과육 1/6통 분량
수박(대) 노란색 과육 1/6통 분량
천연소금 적당량

1 수박은 1.5cm 두께의 삼각형으로 자른
다. 껍질 부분의 한가운데에 칼로 칼집
을 내고 거기에 스틱을 꽂는다(아래 사
진).

2 1을 바닥이 평평하고 얕은 용기 안에
포개어 담는다. 포갤 때는 사이사이에
랩을 깔아준다. 모두 담았으면 랩으로
전체를 덮어 냉동실에 넣고 몇 시간 정
도 얼린다. 취향에 맞게 소금을 뿌려서
먹는다.

2층 멜론 타워

재료 120㎖ 용량의 유리컵 6개 분량

잘 익은 머스크멜론 과육 1/2통 분량
잘 익은 레드 머스크멜론 과육 1/2통 분량

1 연녹색 과육인 일반 머스크멜론의 씨
부분을 긁어내 차 거름망에 담는다. 스
푼으로 누르듯 과즙을 짜서 볼에 내린
다(50쪽 오른쪽 사진 참조). 내린 과즙은
껍질을 벗긴 과육과 함께 믹서에 넣고
곱게 간다.

2 1을 유리컵의 절반까지 붓는다. 구멍
을 낸 알루미늄 포일을 유리컵에 덮어
씌운 다음 구멍에 빨대를 꽂는다. 이렇
게 하면 얼리는 동안 빨대가 옆으로 쓰
러지지 않는다. 냉동실에 넣어 표면이
얼 때까지 1시간 반 정도 얼린다.

3 붉은색 과육인 레드 머스크멜론도 1과
같은 방법으로 퓌레를 만들어서 2 위에
붓는다(아래 사진). 다시 알루미늄 포일
을 유리컵에 덮고 냉동실에 넣어 완전
히 얼 때까지 3시간 정도 얼린다. 실온
에 꺼내 잠깐 두면 유리컵에서 쉽게 뺄
수 있다.

* 멜론이 충분히 익지 않았다면 연유를 1~2
큰술 정도 첨가해서 단맛을 조정하세요.

딸기 핑거 파르페

재료 만들기 쉬운 분량

딸기 1팩
생크림(유지방 함량 45% 이상인 것) 100㎖
사탕수수설탕 1큰술

1 볼에 생크림과 사탕수수설탕을 넣고
수동 거품기로 약 8분 동안 휘핑한다.
크림을 떴을 때 단단한 뿔이 생기는 정
도가 되면 장식용 깍지를 끼워둔 짤주
머니에 채워 넣는다.

2 딸기의 뾰족한 끝 부분과 꼭지가 있
는 부분을 5㎜ 정도 잘라내 바닥에 세
운 다음, 그 위에 1을 짠다. 크림 한가
운데에 잘라둔 딸기의 끝 부분을 올리
고 그 위에 다시 꼭지를 씌운다(아래 사
진). 바닥이 평평하고 얕은 용기 안에
가지런히 담아서 랩을 씌우고 냉동실
에 넣어 3시간 정도 얼린다.

에스프레소 레몬 케이크

재료 20 X 10 X 높이 8cm 케이크 틀 1개 분량

레몬 커드 (만들기 쉬운 분량 약 280㎖)

- 달걀 2개
- 레몬즙 2개 분량
- 버터(무염) 100g
- 설탕 150g

레몬 커드(시판 제품도 가능) 200㎖

생크림(유지방 함량 45% 이상인 것) 400㎖

시판 핑거 비스킷 8개

에스프레소 커피 50㎖

사전 준비 쿠킹페이퍼를 틀에 맞게 깔아둔다.

1 레몬 커드를 만든다. 볼에 달걀을 풀어 잘 섞은 다음 나머지 재료들을 모두 넣고 90℃의 물에 중탕한다(끓지 않도록 주의). 설탕이 다 녹으면 차 거름망에 내리고 다시 볼에 담아 중탕한다. 나무주걱으로 골고루 저으면서 20분 정도(사진A: 주걱에 묻은 액상 크림을 스푼으로 그었을 때, 자국이 사라지지 않고 남아 있는 정도까지) 가열한 다음 200㎖ 정도만 따로 덜어서 완전히 식힌다.

* 남은 크림은 냉장 보관해야 하며 보존 기간은 2주 정도입니다. 스콘 등에 발라먹으면 좋습니다.

2 볼에 생크림을 넣고 수동 거품기로 약 7분 동안 휘핑한다. 크림을 떴을 때 부드럽게 끝이 휘어지는 뿔이 생기면 여기에 레몬 커드를 넣고 골고루 섞는다. 절반만 덜어서 틀에 붓고 윗면을 평평하게 고른다.

3 바닥이 평평하고 얕은 사각 용기를 비스듬히 세워서 오목한 부분에 에스프레소를 붓는다. 비스킷을 넣었다가 재빨리 건져내(사진B) **2** 위에 나란히 올린다. 이 작업을 반복해서 비스킷을 다 올리고, 남은 **2**를 그 위에 부어 다시 윗면을 평평하게 고른다(사진C).

* 에스프레소에 비스킷을 너무 오래 담그면 흐물흐물해지므로 재빨리 건져내야 합니다.

4 랩을 씌우고 냉동실에 넣어 완전히 얼 때까지 한나절 정도 둔다. 틀에서 꺼내 실온에 잠깐 뒀다가 쿠킹페이퍼를 제거한 다음 따뜻하게 덥혀둔 식칼로 폭 1cm씩 자른다.

A

B

C
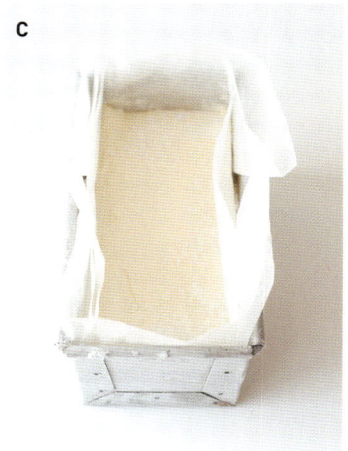

계절마다 즐기는
스무디, 그라니타, 프라페

라즈베리 라씨 스무디

과일과 유제품을 섞어 만든 빙수를 스무디라고 합니다.

인도의 전통 요거트 음료인 라씨에 라즈베리 향을 가득 담아도 멋진 스무디가 됩니다.

진한 핑크 스무디는 라즈베리가 듬뿍 들어가 상큼한 맛,

연한 핑크 스무디는 요거트가 더 많이 들어가 부드럽고 깊은 맛이에요.

좋아하는 맛을 더 진하게! 취향에 맞는 스무디를 만들어 보세요.

천연 파스텔색을 담은 봄 아이스 디저트

감주 그라니타*

일본에서는 쌀누룩과 술을 짜내고 남은 찌꺼기인 술지게미로 감주를 만듭니다.

겨울 음료라는 이미지가 강하지만 여름에도 더위를 이겨내기 위해 차갑게 해둔 감주를 마신답니다.

감주로 그라니타를 만들면 은은한 알코올 향이 감돌며 단맛이 부드럽게 살아납니다.

달콤하게 씹히는 우박설탕을 뿌려 맛을 더해 보세요.

* 과일에 설탕이나 와인 등을 넣고 얼려 만든 이탈리아식 디저트

레인보우 셰이브 스무디

여러 가지 맛의 알록달록한 시럽을 뿌린 레인보우 셰이브는, 하와이에서 즐겨 먹는
대표적인 디저트입니다. 그런데 집에서는 이렇게 다채로운 색과 다양한 맛의 시럽을
준비하는 것이 어렵지요. 이럴 땐 얼려둔 과일을 활용해 보세요.
필요할 때 믹서로 갈아주기만 하면 과일의 자연스러운 색깔이 먹음직스럽게 어우러진
스무디를 직접 만들 수 있답니다.

렌틸콩 앙금 타피오카 체

베트남 시장에 가면 거의 모든 상점에서 체(che)라는 빙수를 팔고 있습니다.

과일이나 젤리, 타피오카, 알록달록한 시럽 등을 취향에 맞게 고르면,

삶아서 으깬 렌틸콩 앙금을 기본으로 한 빙수 위에 토핑으로 올려줍니다.

적당히 부순 땅콩이나 코코넛 가루를 뿌려도 정말 맛있답니다.

라즈베리 라씨 스무디

재료 각 1인 분량

진한 핑크 스무디

- 라즈베리(생과일 또는 냉동과일) 70g
- 플레인 요거트 70㎖
- 우유 50㎖
- 설탕 1큰술

연한 핑크 스무디

- 라즈베리(생과일 또는 냉동과일) 20g
- 플레인 요거트 120㎖
- 우유 50㎖
- 설탕 1큰술

*만드는 법은 두 가지 모두 동일합니다.

1 라즈베리 생과일을 사용할 때는 상처가 있는 것을 골라내고 깨끗한 것만 지퍼백에 넣어 공기를 완전히 뺀 다음 밀봉하여 냉동해둔다(아래 사진).

* 시판 냉동제품을 사용할 경우에는 이 과정을 생략합니다.

2 플레인 요거트는 멍울이 없이 부드러운 상태가 되도록 잘 섞어서 아이스 트레이에 붓고 냉동실에 넣어 얼린다.

3 2의 아이스 트레이에서 꺼낸 요거트 얼음을 믹서에 넣는다. 나머지 재료들도 모두 넣고 30초 정도 간다. 재료들이 잘 섞이지 않으면 믹서를 멈추고 고무주걱으로 고르게 섞은 다음 다시 간다.

4 3을 스푼으로 긁어내 그릇에 소복이 담고 스푼을 함께 올린다.

감주 그라니타

재료 만들기 쉬운 분량: 약 5인 분량

시판 감주 500㎖

우박설탕 적당량

1 바닥이 평평하고 얕은 용기에 감주를 따르고 랩을 씌운 다음 냉동실에 넣어 1~2시간 정도 얼린다.

2 1을 먹을 만큼만 포크로 긁어서 진눈깨비 상태로 만든다(아래 사진). 차게 해둔 그릇에 담고 취향에 따라 우박설탕을 뿌린다.

레인보우 셰이브 스무디

재료 만들기 쉬운 분량: 약 3인 분량

딸기 1팩 (약 300g)

파인애플 1/3개 (약 300g)

키위 4개 (약 300g)

설탕 9큰술

연유 3작은술

우유 적당량

1 딸기는 꼭지를 제거하고 4등분 해서 설탕을 3큰술 뿌린다. 파인애플과 키위도 같은 방법으로 껍질을 벗기고 둥글게 썰어서 설탕을 3큰술씩 뿌린다.

2 1을 지퍼백에 넣고 공기를 완전히 뺀 다음 밀봉하여 냉동해둔다(아래 사진).

3 1인분을 만든다. 2의 딸기 1/3과 연유 1작은술, 우유 2~3큰술을 믹서에 넣고 30초 정도 간다.

4 3을 고무주걱으로 긁어내 바닥이 평평하고 얕은 용기에 담고 냉동실에 넣어 얼려둔다.

5 파인애플 1/3도 3과 같은 방법으로 믹서에 갈아 4의 그릇에 담고 다시 냉동실에 넣어 얼린다.

6 키위 1/3도 3과 같은 방법으로 믹서에 간다.

* 키위는 씨가 으깨지면 쓴맛이 나기 때문에 믹서를 너무 오래 돌리지 않도록 합니다. 3초간 작동시켰다가 멈추기를 몇 차례 반복하면서 부드럽게 갈아주는 것이 좋습니다.

7 냉동실에서 5를 꺼낸다. 세 가지 색이 잘 어우러지도록 준비한 그릇에 6과 함께 번갈아 담고 굵은 빨대를 꽂는다.

렌틸콩 앙금 타피오카 체

재료 1인 분량

토핑

┌ 렌틸콩 앙금 2큰술 (만드는 방법 65쪽 참조)
└ 타피오카 2큰술

1 큰 냄비 가득 물을 붓고 끓이다가 타피오카를 넣는다. 물 속에서 춤추듯 움직이며 끓는 상태가 유지되도록 화력을 조절해서 타피오카의 속이 투명하게 보일 때까지 삶는다.

* 타피오카를 익히는 데 걸리는 시간은 작은 것은 20분, 사진과 같이 큰 것은 1시간 30분 정도입니다. 제품 포장에 표시된 대로 삶아주세요. 큰 타피오카는 작은 양만 삶으면 효율이 떨어지므로 한 번 삶을 때 한 봉지를 다 넣고 끓이는 것이 좋습니다. 바로 먹지 않을 분량의 타피오카는 용기에 담고 찬물을 가득 채워서 냉장 보관합니다. 2~3일 동안 보관 가능하며 코코넛 밀크나 시판 아이스크림에 곁들이면 좋습니다.

2 1을 소쿠리에 받친 다음 찬물에 헹궈 식혀둔다.

3 얼음을 갈아 그릇의 40% 정도까지 채우고 그 위에 렌틸콩 앙금을 1큰술 얹는다. 다시 얼음을 갈아서 그릇의 끝까지 가득 채운 다음 그 위에 남은 렌틸콩 앙금과 2를 얹고(아래 사진) 굵은 빨대를 꽂는다.

* 체는 얼음과 앙금만 있으면 간단하게 만들 수 있는 디저트로, 파티 등에 안성맞춤입니다. 사진에서처럼 한꺼번에 많이 만들어야 할 때는 요령이 필요합니다. 먼저 얼음을 갈아서 큰 볼에 가득 채우고, 컵을 한 줄로 나란히 세웁니다. 스푼으로 얼음을 퍼서 제일 앞에 있는 컵부터 마지막 컵까지 같은 양으로 담아줍니다. 그다음은 앙금을 앞에서부터 담아주고, 그다음은 얼음, 그다음은 다시 앙금, 그리고 마지막에는 타피오카…… 이런 흐름으로 동시에 만들면 시간도 절약되고 훨씬 효율적입니다.

과일의 맛을 통째로 담은 여름 아이스

수박 아이스 볼 그라니타

수박 껍질로 만든 멋진 볼에 그라니타를 수북이 담았습니다.

여기에 수박씨처럼 보이는 단팥 조림까지 그럴싸하게 붙여 놓으면,

진짜 수박과 똑같은 모습에 그만 웃음이 터집니다.

잘라서 나누어 먹는 재미도 있어서, 아이들을 위한 여름방학 간식으로 그만입니다.

이대로 먹어도 맛있지만, 취향에 따라 흑설탕이나 연유도 함께 곁들여 보세요.

멜론 아이스 볼 그라니타

멜론의 씨 주변은 가장 달콤하고 향기로운 과즙으로 가득합니다.
긁어낸 씨 부분은 그냥 버리지 마세요. 체에 내려 과육에 섞어주면
훨씬 맛이 좋아지니까요. 소복이 담은 그라니타 위에 설타나(건포도)
몇 개만 올려놓으면, 마치 예쁘게 깎아 놓은 멜론처럼 먹음직스러워 보입니다.
붉은색 멜론으로 만들어도 맛있답니다.

그레이프 푸르츠 바구니 그라니타

껍질 양쪽에 칼집만 하나씩 넣어주면 우아한 바구니로 변신!

그라니타는 특별한 도구 없이도 만들 수 있는 간단한 빙수입니다.

포크로 긁어서 만든 사각사각 얼음 알갱이가,

그레이프 푸르츠의 맛을 한층 더 신선하게 해줍니다.

취향에 따라 보드카를 2큰술 정도 넣어주면,

어른들을 위한 멋진 디저트로 변신!

하귤 바구니 그라니타

여름에만 맛볼 수 있는 귤, 하귤.

그냥 먹기에 너무 시다그 느껴진다면,

꼭 한번 그라니타로 만들어 보세요.

꿀을 듬뿍 넣어 훨씬 달콤하고 상큼해진 그라니타를

앙증맞고 귀여운 하귤 바구니에 소복이 담아 보았습니다.

수박 아이스 볼 그라니타

재료 3~4인 분량

수박 1통 (껍질을 벗긴 무게 450g)

설탕 3큰술

시판 단팥조림(또는 삶은 팥) 약 20알

1 수박은 절반보다 약간 높은 지점에 칼끝을 넣어 수평으로 자른다. 스푼으로 수박의 과육을 과즙과 함께 파내어 볼에 담고, 손으로 발라서 씨를 깨끗이 제거한다.

2 1을 설탕과 함께 믹서에 넣고 30초 정도 곱게 간다. 믹서가 없을 때는 매셔(감자 으깨는 도구)나 거품기로 으깬다.

3 바닥이 평평하고 얕은 용기에 2를 따르고 랩을 씌운 다음, 냉동실에 넣어 1~2시간 정도 얼린다.

4 얼리는 동안 수박 껍질에 칼로 모양을 낸다. 껍질 가장자리에서 2~3cm 아래까지는 빨간 과육을 깨끗하게 깎아낸다. 이렇게 해야 그라니타를 담았을 때 깔끔해 보인다.

5 4의 가장자리에 지그재그 모양으로 칼집을 넣는다(아래 사진). 이 동작을 반복하며 껍질을 한 바퀴 빙 돌려서 가장자리 전체에 모양을 낸 다음 랩을 씌우고 냉동실에 넣어 얼린다.

* 남은 절반의 껍질도 같은 방법으로 모양내어 잘라 놓으면, 깊이가 얕은 작은 접시로 사용할 수 있습니다.

6 3을 포크로 긁어 진눈깨비 상태로 만든다. 5의 볼 안에 수북이 담고 수박씨처럼 생긴 단팥조림을 여기저기 붙여 장식한다.

* 여기서는 작은 크기의 수박을 사용했습니다.

멜론 아이스 볼 그라니타

재료 3~4인 분량

멜론 1통 (껍질을 벗긴 무게 300g)

설탕 3큰술

설타나 약 20알 (생략 가능)

* 설타나는 밝은색을 띠는 건포도의 품종입니다.

1 멜론은 가로로 잘라 이등분 한다. 스푼으로 멜론의 씨 부분을 과즙과 함께 긁어내 거름망에 담고 스푼으로 누르듯 과즙을 짜서 볼에 내린다(아래 사진).

2 스푼으로 멜론의 남은 과육을 파내 1의 볼에 담는다.

3 2를 설탕과 함께 믹서에 넣고 20초 정도 곱게 간다. 믹서가 없을 때는 매셔나 거품기로 으깬다.

4 바닥이 평평하고 얕은 용기에 3을 따르고 랩을 씌운 다음, 냉동실에 넣어 1~2시간 정도 얼린다.

5 얼리는 동안 멜론 껍질에 칼로 모양을 낸다. 껍질 가장자리에서 2~3cm 아래까지는 연녹색의 과육 부분을 깎아낸다. 이렇게 해야 그라니타를 담았을 때 깔끔해 보인다.

6 5의 가장자리에 1.5cm 간격으로 지그재그 모양의 칼집을 넣는다. 이 동작을 반복하며 껍질을 한 바퀴 빙 돌려서 가장자리 전체에 모양을 낸다. 남은 절반의 껍질도 같은 방법으로 모양을 낸 다음 모두 랩을 씌우고 냉동실에 넣어 얼린다.

7 설타나가 잠길 만큼 뜨거운 물을 부어서 5분 정도 부드럽게 불린 다음 물기를 뺀다.

8 4를 포크로 긁어 진눈깨비 상태로 만든다. 6의 볼 안에 수북이 담고 멜론 씨처럼 만든 7을 둥글게 붙여 장식한다.

그레이프 푸르츠 바구니 그라니타

재료 4인 분량

그레이프 푸르츠 2개

설탕 4큰술

연유 2큰술

가는 마 끈 적당량

1 그레이프 푸르츠는 가로로 둥글게 썰어서 반으로 나눈다. 티스푼으로 과육을 꺼내 얇은 막을 제거하고 볼에 담는다.

2 1에서 나온 과육을 설탕, 연유와 함께 믹서에 넣고 20초 정도 곱게 간다. 믹서가 없을 때는 매셔나 거품기로 으깬다.

3 바닥이 평평하고 얕은 용기에 2를 따르고 랩을 씌운 다음 냉동실에 넣어 1~2시간 정도 얼린다.

4 그라니타를 얼리는 동안 바구니를 만든다. 그레이프 푸르츠의 껍질 안쪽에 남아 있는 얇은 막을 손으로 깨끗하게 떼어낸다.

5 4의 양쪽 가장자리에서 8mm 정도 내려온 지점에 수평으로 깊은 칼집을 하나씩 넣는다(아래 사진). 양쪽의 분리된 부분을 위로 들어 올린다. 마 끈으로 함께 묶어 손잡이를 만들고 냉동실에 넣어 얼려둔다.

6 3을 먹을 만큼만 포크로 긁어 진눈깨비 상태로 만들고 이것을 스푼으로 퍼서 5의 바구니에 담는다.

하귤 바구니 그라니타

재료 2인 분량

하귤 2개

설탕 4큰술

꿀 2큰술

1 손잡이 부분을 만든다. 귤의 꼭지를 중심으로 폭이 1.5cm가 되는 두 지점에서, 귤 가운데까지 수직으로 칼집을 넣는다.

2 귤 높이의 절반이 되는 가장자리 지점에서 중심을 향해 수평으로 칼집을 넣는다. 1의 칼집과 만나서 분리된 과육을 떼어내고, 반대쪽도 같은 방법으로 모양을 만든다(1, 2는 아래 사진에서 뒤에 있는 그림 참조).

3 손잡이 부분의 과육과 껍질 사이에 칼끝을 넣어 과육을 떼어낸다(아래 사진에서 앞에 있는 그림 참조).

4 바구니 부분을 만든다. 쉽게 분리되도록 귤의 과육과 껍질 사이에 칼끝을 넣고 한 바퀴 빙 돌려 칼집을 넣는다. 손으로 과육을 떼어내 볼에 담고 1~3 과정에서 분리된 과육도 모두 껍질을 벗겨 함께 볼에 담는다. 속껍질과 씨도 깨끗하게 제거한다.

5 4에서 나온 과육을 설탕, 꿀과 함께 믹서에 넣고 20초 정도 곱게 간다. 믹서가 없을 때는 매셔나 거품기로 으깬다.

6 바닥이 평평하고 얕은 용기에 5를 따르고 랩을 씌운 다음, 냉동실에 넣어 1~2시간 정도 얼린다.

7 그라니타를 얼리는 동안 바구니를 마무리한다. 귤껍질의 안쪽에 남아 있는 얇은 막을 손으로 떼어내 깨끗하게 정리하고 냉동실에 넣어 얼린다.

8 6을 포크로 긁어 진눈깨비 상태로 만들고, 이것을 7의 바구니 안에 소복이 담는다.

그리운 우유의 맛을 담은 가을 아이스

밀크 홍차 프라페

믹서로 갈아서 만든 빙수를 프라페라고 부릅니다.

밀크 홍차로 프라페를 만들면 뿌옇게 탁해질 걱정은 없답니다.

진한 홍차를 그대로 얼렸기 때문에 녹아도 홍차의 맛은 연해지지 않습니다.

마지막까지 맛있게 드세요.

밀크커피 프라페

커피로 만든 이 프라페는, 옛날 찻집에서 팔던 추억의 디저트랍니다.

한입 머금으면 커피의 향이 입안 가득 시원하게 녹아듭니다.

우유도 미리 얼려서 2층으로 예쁘게 나눈

밀크커피 프라페를 만들어 보세요.

밀크 홍차 프라페

재료 2인 분량

홍차 잎 2큰술

우유 350㎖ + 50㎖

설탕 4큰술

캐러멜 시럽 2작은술 (만드는 방법은 56쪽 참조)

1 작은 냄비에 찻잎과 우유 350㎖, 설탕을 넣고 중간 불에 올린다. 끓기 시작하면 불을 약하게 줄여서 1분 정도 더 가열한 다음 불에서 내려 거름망에 내린다. 한 김 식으면 아이스 트레이에 붓고 냉동실에 넣어 얼려둔다(아래 사진).

2 아이스 트레이에서 꺼낸 홍차 얼음을 우유 50㎖와 함께 믹서에 넣고 뚜껑을 덮어서 30초 정도 간다. 믹서의 칼날이 잘 돌아가지 않으면 우유를 조금 넣어 조정한다.

3 2가 부드럽게 갈아졌으면 스푼으로 긁어내 그릇에 소복이 담는다. 캐러멜 시럽을 티스푼으로 떠서 원하는 만큼 빙수 위에 끼얹는다.

밀크커피 프라페

재료 만들기 쉬운 분량 : 약 3인 분량

진하게 내린 커피 400㎖

설탕 7큰술

우유 400㎖ + 2큰술

물 2큰술

캐러멜 시럽 1작은술 (만드는 방법은 56쪽 참조)

1 뜨거운 커피에 설탕을 넣고 녹인다(시판 가당 커피로 대체 가능). 한 김 식으면 아이스 트레이에 붓고 냉동실에 넣어 얼려둔다.

2 우유 400㎖를 아이스 트레이에 붓고 냉동실에 넣어 얼려둔다(1, 2는 아래 사진).

* 아이스 트레이가 부족한 경우에는 바닥이 평평하고 얕은 용기에 얼린 다음 포크 등으로 큼직하게 부수어 믹서에 넣어도 됩니다.

3 아이스 트레이에서 우유 얼음을 1/3만 꺼낸다. 우유 2큰술과 함께 믹서에 넣고 뚜껑을 덮어 30초 정도 간다. 믹서의 칼날이 잘 돌아가지 않으면 우유를 조금 넣어 조정한다.

4 3이 부드럽게 갈아졌으면 스푼으로 긁어내 그릇에 담아 냉동실에 넣어둔다.

5 아이스 트레이에서 커피 얼음을 1/3만 꺼낸다. 물 2큰술과 함께 믹서에 넣고 30초 정도 간다. 믹서의 칼날이 잘 돌아가지 않으면 물을 조금 넣어 조정한다.

6 5가 부드럽게 갈아졌으면 스푼으로 긁어내 4 위에 담는다. 취향에 따라 캐러멜 시럽을 곁들인다.

흰 앙금 밀크셰이크

어린 시절 제가 살던 동네에는 아담한 과자가게가 있었답니다.

굵은 자갈이 깔려 있던 예쁜 안뜰과

중국풍 의자와 테이블로 꾸민 작은 연못도 있었지요.

이 가게 최고의 인기 메뉴는 바로

부드러운 흰 앙금이 들어간 밀크셰이크!

아직도 잊히지 않는 그 맛과 정경을 떠올리며

이따금 이렇게 만들어 봅니다.

흰 앙금 밀크셰이크

재료 2인 분량

달걀노른자 2개 분량

설탕 1큰술 반

우유 300㎖ + 100㎖

바닐라 빈 1cm (또는 바닐라 에센스 몇 방울)

흰 강낭콩 앙금 4작은술 (만드는 방법은 65쪽 참조 또는 시판 강
낭콩조림)

1 달걀노른자와 설탕, 우유 300㎖를 믹서에 넣는다. 여기에
  테이블나이프로 줄기에서 긁어낸 바닐라 빈을 함께 넣고
  20초 정도 곱게 간다.
2 1을 아이스 트레이에 붓고 냉동실에 넣어 2시간 정도 얼
  린다.
3 그릇의 바닥에 흰 앙금을 2작은술씩 담아둔다.
4 아이스 트레이에서 1을 꺼내 우유 100㎖와 함께 다시 믹서
  에 넣는다(바닐라 에센스를 사용하는 경우에는 이 단계에서 우유
  에 넣고 잘 흔들어 믹서에 붓기).
5 4를 20초 정도 곱게 간다(위 사진). 믹서의 칼날이 잘 돌아
  가지 않으면 고무주걱으로 고르게 한 다음 3초간 작동시켰
  다가 멈추기를 몇 차례 반복한다.
6 5를 3의 그릇에 담고 두꺼운 빨대를 꽂는다.

캐러멜 시럽 만들기

재료 만들기 쉬운 분량

┌ 그래뉴당(입자가 가장 고운 설탕) 3큰술

├ 물 1큰술 반

├ 뜨거운 물 1큰술 반

└ 연유 2큰술

1 작은 냄비에 그래뉴당과 물을 넣고 중간 불에 올려 끓인
  다. 옅은 갈색으로 변하고, 기포가 부글부글 커지면서 연
  기가 살짝 나면 냄비를 불에서 내린다. 여기에 곧바로 뜨
  거운 물을 넣고 냄비를 흔들어서 섞는다.
2 끓어오르던 것이 멈추면 시럽에 연유(사진의 A)를 넣고 스
  푼으로 잘 섞는다. 잘 씻어서 건조시킨 깨끗한 작은 병에
  담아서(사진의 B) 냉장 보관한다(보존 기간 3주).

* 52쪽, 53쪽, 61쪽의 레시피에서는 캐러멜 시럽 대신 시판 메이플 시럽
  (사진의 C)을 살짝 둘러도 산뜻하게 먹을 수 있습니다.

빙과용 도구의 종류와 사용법

믹서

아이스바를 만들 때 빠질 수 없는 도구입니다. 얼린 과일과 유제품을 믹서에 넣고 갈면 입안에서 사르르 녹는 고운 식감의 스무디를 만들 수 있고, 얼린 커피나 홍차를 믹서에 넣고 갈면 사각거리는 식감의 프라페를 만들 수 있습니다. 믹서 대신 푸드 프로세서로도 가능합니다. 맛있게 만들기 위해 최소한의 수분만 첨가하기 때문에 재료가 잘 섞이지 않는 경우도 있습니다. 그럴 때는 믹서를 멈추고 고무주걱으로 고르게 한 다음 다시 갈아줍니다. 3초간 작동시켰다가 멈추기를 몇 차례 반복하면서 혼합 상태를 조정하는 것이 중요합니다.

포크

특별한 기계가 없어도 바닥이 평평하고 얕은 용기와 포크만 있으면 진눈깨비 같은 식감의 그라니타를 만들 수 있습니다. 용기에 액체를 따르고 표면에 랩을 단단히 씌워서 얼린 다음 두껍고 튼튼한 포크로 긁으면 아삭아삭 씹히는 굵은 얼음가루가 완성됩니다. 그때그때 먹을 만큼만 긁어서 덜어내고 나머지는 다시 냉동 보관해두면 맛과 향을 유지할 수 있습니다.

수동식 제빙기

손으로 직접 핸들을 돌려서 얼음을 가는 방식의 가정용 수동 제빙기입니다. 사진의 뒤쪽에 있는 제빙기는 전용 용기에 얼린 원통형 얼음과 아이스 트레이에 얼린 각 얼음을 모두 사용할 수 있는 타입입니다. 사진의 앞쪽에 있는 제빙기는 전용 용기에 얼린 얼음만 사용할 수 있는 타입이라서 다른 모양의 얼음은 사용할 수 없다는 단점이 있지만 가격이 저렴하다는 매력이 있습니다. 전용 용기에 얼음을 미리 5~6개 정도 얼려서 냉동실에 넣어두면 작업이 훨씬 빠르고 순조로워지므로 이런 단점을 보완할 수 있습니다.

전동 제빙기

이 책에서는 얼음을 갈 때 가정용 전동 제빙기를 활용했습니다. 종류가 몇 가지 있지만 얼음 입자의 크기를 조절할 수 있고 아이스 트레이에 얼린 얼음도 사용할 수 있는 기종을 추천합니다. 한 번에 많은 양을 만들고 싶을 때 매우 편리합니다.

얼음을 갈아서 그릇에 담는 요령

1 제빙기에서 나온 얼음을 큰 볼에 받아서 모은다(사진A).
2 커다란 스푼으로 얼음을 퍼서 쟁반 위에 올려둔 그릇 안에 소복이 담는다(사진B).
3 마지막으로 제빙기에서 얼음을 그릇에 직접 분사한다. 예쁘게 담기도록 쟁반을 돌려가며 조정한다.

A

B

쌉싸래하지만 진한 어른의 맛을 담은 겨울 아이스

쇼콜라 그라니타

핫초코를 얼렸다기보다는 마치 고급스러운 봉봉 쇼콜라 같은 느낌의

그라니타입니다. 입안에서 사르르 녹아버리는 촉촉하고 농밀한 맛.

고급 커버추어 초콜릿으로 만드는 것이 바로 그 비결이랍니다.

럼주 대신 쿠엥트로(오렌지술)나 브랜디 등 취향에 맞는 술을 넣어도 좋습니다.

진눈깨비 상그리아

상그리아는 레드 와인에 오렌지 과즙이나 향신료 등을 넣어 만드는
스페인의 전통 칵테일입니다. 원래는 실온에 두고 마시거나
얼음을 넣기도 하지만, 얼려서 그라니타로 만들어도 무척 맛있답니다.
남은 와인이나 저렴한 와인이 있다면 맛있게 만들어서 식사와 함께 즐겨 보세요.

라벤더와 키르슈 그라니타

꽃의 맛을 담은 산뜻한 그라니타. 한여름의 고원지대가 떠오르는
맛입니다. 버찌 술인 키르슈의 향을 충분히 살리고
허브티용 라벤더로 예쁜 색을 냈답니다.
레몬즙은 라벤더의 색을 더 선명하고 오래 유지시켜주기 때문에
잊지 말고 꼭 넣어주세요.

캐러멜 바나나 스무디

스무디의 매력은 아이스크림보다 산뜻하고 셔벗보다 진한 맛에 있습니다.
바나나를 미리 얼려두면 ㅁ고 싶을 때 언제라도 신선한 스무디를
만들 수 있답니다. 아이부터 어른까지 모두가 사랑하는 맛이죠.
여기에 캐러멜 시럽도 곁들여 보세요.

쇼콜라 그라니타

재료 만들기 쉬운 분량: 약 4인 분량

커버추어 초콜릿 180g

우유 250㎖

생크림 100㎖

설탕 6큰술

럼주 1큰술

토핑 – 커버추어 초콜릿 적당량

1 초콜릿은 식칼로 잘게 다진다.

2 작은 냄비에 우유와 생크림, 설탕을 넣고 중간 불에 올려서 끓기 직전까지 데운다.

3 2를 불에서 내려 1을 넣고 덩어리가 없이 매끄럽게 녹을 때까지 나무주걱이나 거품기로 섞는다(아래 사진). 여기에 럼주를 넣고 다시 골고루 섞는다.

4 바닥이 평평하고 얕은 용기에 3을 따르고 랩을 씌운 다음 냉동실에 넣어 1~3시간 정도 얼린다.

5 적당량의 토핑용 초콜릿을 필러로 깎아둔다.

6 4를 먹을 만큼만 포크로 긁어 차게 해둔 그릇에 담고 5를 뿌린다.

진눈깨비 상그리아

재료 만들기 쉬운 분량: 약 3인 분량

레드 와인 300㎖

설탕 90g

오렌지 과즙 60㎖ (약 1개 분량)

시나몬 스틱 1개 (또는 시나몬 파우더 1/2작은술)

정향 5개 (또는 정향 파우더 1/2작은술)

1 시나몬 스틱은 손으로 부러뜨려 큼직하게 부순다. 작은 냄비에 나머지 재료들과 함께 넣고 중간 불에 올린다.

2 1이 끓으면 불에서 내려 한 김 식힌다. 바닥이 평평하고 얕은 용기에 따르고 랩을 씌운 다음 냉동실에 넣어 1~3시간 정도 얼린다.

3 2를 먹을 만큼만 포크로 긁어서(아래 사진) 차게 해둔 그릇에 담는다.

* 알코올 도수와 당분이 높아서 냉동실에 넣어도 완전히 얼지는 않습니다. 포크로 긁으면 살짝 녹은 진눈깨비 상태가 되어 더욱 부드럽고 맛있는 아이스가 됩니다.

라벤더와 키르슈 그라니타

재료 만들기 쉬운 분량: 약 4인 분량

허브티용 라벤더 2큰술

물 300㎖

설탕 90g

레몬즙 1개 분량

키르슈 2큰술

우박설탕 적당량

1 법랑냄비에 분량의 물을 붓고 강한 불에 올린다. 끓으면 불에서 내려 라벤더를 넣고 뚜껑을 덮어서 8분 정도 우려 낸다.

2 1을 차 거름망에 내려(아래 사진) 다시 법랑냄비에 붓는다. 여기에 설탕을 넣고 아주 약한 불에 올려서 데운다(끓지 않도록 주의). 스푼으로 잘 저어서 설탕이 다 녹으면 불에서 내리고 레몬즙과 키르슈를 넣는다.

3 바닥이 평평하고 얕은 용기에 2를 따르고 랩을 씌운 다음 냉동실에 넣어 1~3시간 정도 얼린다.

4 3을 먹을 만큼만 포크로 긁어서 진눈깨비 상태로 만든다. 차게 해둔 그릇에 담고 취향에 따라 우박설탕을 뿌린다.

캐러멜 바나나 스무디

재료 1인 분량

잘 익은 바나나 1개

레몬즙 1작은술

설탕 1큰술

우유 50~80㎖

토핑 – 캐러멜 시럽 2작은술 (만드는 방법은 56쪽 참조)

1 바나나는 껍질을 벗겨서 2cm 두께로 둥글게 썬다. 이것을 바닥이 평평하고 얕은 용기 안에 가지런히 담고 레몬즙과 설탕을 뿌린다. 랩을 바나나에 밀착시켜서 덮은 다음 냉동실에 넣어 1~2시간 동안 얼린다.

* 남은 바나나가 있다면 2~3개씩 나눠 얼려두면 좋습니다(아래 사진).

2 믹서에 1의 바나나와 우유 50㎖를 넣고 30초 정도 간다. 믹서의 칼날이 잘 돌아가지 않으면 우유를 조금 넣어 조정한다.

3 2가 부드럽게 갈아졌으면 스푼으로 긁어내 그릇에 소복이 담고 캐러멜 시럽을 곁들인다.

수제 앙금 만들기

다양한 수제 앙금

콩은 개봉해두고 쓰면 금세 맛이 떨어지고, 소분해서 필요할 때마다 삶으면 매우 번거롭습니다. 따라서 준비된 콩의 전량을 한꺼번에 삶아 냉동 보관하는 것이 좋습니다. 이 책에서는 한 봉지를 300g으로 보고, 만들기 쉬운 분량의 레시피를 소개하고 있습니다.

기본 통단팥 앙금   렌틸콩 앙금

강낭콩 앙금

흰 강낭콩 앙금

소금물에 데친 붉은 완두콩

기본 통단팥 앙금

재료 만들기 쉬운 분량

팥 300g

설탕 300g

소금 2g

*삶은 팥의 절반만 앙금으로 만드는 경우: 설탕 150g, 소금 1g

1 큰 냄비에 팥을 넣고 물을 넉넉히 부어서 강한 불에 올린다. 물이 끓어오르면 조용히 보글거리며 팥이 떠오르는 상태가 유지되도록 불을 약하게 줄인다. 콩이 부드러워질 때까지 1시간~1시간 30분 정도 더 끓인 다음, 팥알 몇 개를 건져서 먹어보고 속까지 잘 익었으면 불을 끈다.

2 깨끗한 면 보자기를 깐 소쿠리 밑에 볼을 받치고 소쿠리에 1을 쏟아 부어서 물기를 뺀다(사진A).

*팥 앙금의 양이 너무 많아질 것 같으면 이 단계에서 삶은 팥의 절반 정도를 덜어내 한 김 식힙니다. 지퍼백에 넣고 공기를 완전히 뺀 다음 밀봉해서 냉동 보관합니다(사진B). 자연 해동시켜서 빙수에 곁들이면 팥 앙금보다 담백해서 맛있습니다. 처음에 만들어둔 팥 앙금을 다 먹었다면 자연 해동시킨 삶은 팥으로 손쉽게 다시 만들 수도 있고, 단맛이 없기 때문에 조림(찌개나 끓이는 음식 등)이나 수프 등의 요리에도 응용할 수 있습니다.

3 2를 다시 냄비에 넣는다. 이때 면 보자기에 붙어 있는 팥도 맛있는 부분이므로 버리지 않고 긁어서 함께 넣어준다(사진C).

4 3의 냄비에 설탕을 넣고 중간 불에 올린다. 나무주걱으로 냄비의 바닥까지 골고루 저으면서 졸이다가 주걱으로 떴을 때 천천히 떨어지는 농도가 되면 불을 끈다. 식으면 더 되직해지므로 주의한다(사진D). 여기에 소금을 넣고 섞는다.

5 4를 바닥이 평평하고 얕은 용기에 옮겨 담아서 식힌다. 완성된 1kg의 앙금 중에서 사용할 만큼만 따로 덜고 나머지는 냉동보관 하는 것이 좋다(사용할 때는 자연 해동).

A

B

C

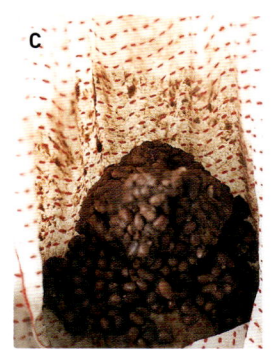

D

흰 강낭콩 앙금

재료 만들기 쉬운 분량

흰 강낭콩 300g

설탕 300g

소금 2g

사전 준비 큰 볼에 콩을 넣고 콩 무게의 3배 분량의 물을 부어서 하룻밤 동안 불린다(사진E).

1 불린 물과 함께 콩을 큰 냄비에 넣는다. 다음 과정은 '기본 통단팥 앙금'의 1~5를 참조한다.

강낭콩 앙금

재료 만들기 쉬운 분량

강낭콩 300g

설탕 300g

소금 2g

사전 준비 큰 볼에 콩을 넣고 콩 무게의 3배 분량의 물을 부어서 하룻밤 동안 불린다(사진E).

1 불린 물과 함께 콩을 큰 냄비에 넣는다. 다음 과정은 '기본 통단팥 앙금'의 1~5를 참조한다.

렌틸콩 앙금

재료 만들기 쉬운 분량

껍질 벗긴 렌틸콩 100g

설탕 100g

소금 약간

1 냄비에 렌틸콩을 넣그 바특하게 물을 부어서 강한 불에 올린다. 물이 끓어오르면 콩이 조용히 보글거리며 떠오르는 상태가 유지되도록 불을 약하게 줄인다. 나무주걱으로 크게 원을 그리듯 저으면서 콩이 부드러워질 때까지 20~25분 정도 더 끓인다.

2 도중에 1의 수분이 줄어들면 물을 더 넣는다. 콩알 몇 개를 건져서 덕어보고 속까지 잘 익었으면 바싹 졸어 수분을 날리고 불을 끈다.

3 2의 냄비에 설탕을 넣고 중간 불에 올린다. 나무주걱으로 냄비의 바닥까지 골고루 저으면서 졸이다가(사진F), 주걱으로 떴을 때 천천히 떨어지는 농도가 되면 불을 끈다. 식으면 한층 더 되직해지므로 주의한다. 여기어 소금을 넣고 섞는다.

4 바닥이 평평하고 얕은 용기에 옮겨 담아서 식힌다.

* 껍질도 없고 콩도 두 조으로 쪼개어져 있는, 껍질 벗긴 렌틸콩은 앙금을 만들 때 미리 물에 불릴 필요 없이 바로 끓일 수 있는 간편한 제품입니다. 따라서 고때고때 쓸 만큼만 삶아 주세요.

소금물에 데친 붉은 완두콩

재료 만들기 쉬운 분량

붉은 악두콩 300g

소금 3~5g

사전 준비 큰 볼에 콩을 넣고 콩 무게의 5배 분량의 물을 부어서 하룻밤 동안 불린다.

1 콩을 불린 물은 버린다. 큰 냄비에 콩을 넣고 5배 분량의 새 물을 붓는다. 불이 올려서 10분 정도 끓인 다음 데친 물은 따라 버린다.

2 1의 냄비에 다시 5배 분량의 물을 붓고 콩디 조용히 보글거리며 떠오르는 상태가 유지되도록 불을 약하게 조절해서 콩이 부드러워질 때까지 1시간~1시간 30분 정도 더 끓인다.

3 2으 콩알 몇 개를 건져서 먹었을 때 속까지 잘 익고, 손가락 끝으로 살짝 눌러도 쉽게 으깨지는 정도가 되면 불을 끈다(사진G).

4 3의 콩을 소쿠리에 쏟아 붓는다. 뜨거울 때 맛을 보면서 소금을 넣고 골고루 섞어서 그대로 두고 한 김 식힌다.

5 4를 사용할 만큼만 따로 덜고 남은 콩은 지퍼백에 넣어 공기를 완전히 뺀 다음 밀봉해서 냉동 보관한다(사용할 때는 자연 해동).

E

F

G

기본 찹쌀경단과
다양한 응용 경단 만들기

경단은 가루의 무게보다 10% 정도 적게 물을 넣고 반죽합니다. 10:9의 배합비만 기억해두면 원하는 분량만큼 경단을 만들 수 있습니다. 기본적인 찹쌀경단을 먼저 만들어 보고 다양하게 응용해 보세요. 다른 재료와 섞어주거나 겉에 고물 등을 묻히면 색다른 경단을 만들 수 있습니다.

기본 찹쌀경단

재료 약 10개 분량

찹쌀가루 100g
물 100㎖ 미만

1 냄비에 5cm 높이까지 물을 붓고 불에 올린다. 넘치지 않고 조용히 부글거리며 끓는 상태가 유지되도록 불의 세기를 조절한다. 볼에 얼음물을 담아 준비해둔다.

2 별도의 볼에 찹쌀가루(사진A: 왼쪽 볼)를 담고 분량의 물을 부어서 말랑해질 때까지 손으로 골고루 반죽한다(사진A: 오른쪽 볼).

3 2를 10등분 한다. 경단 모양이 되도록 하나하나 손바닥으로 둥글리고(사진B: 왼쪽), 속까지 잘 익도록 손가락 끝으로 반죽의 한가운데를 눌러서 움푹 들어가게 한다(사진B: 오른쪽).

4 경단 모양으로 만든 순서대로 3을 1의 냄비에 하나씩 넣는다. 처음에는 가라앉아 있던 경단이 물 위로 떠오르면 2분 정도 더 익힌다(사진C).

5 4를 거름망으로 건져 1의 볼에 넣고 완전히 식힌 다음(사진D) 물기를 빼서 빙수에 곁들인다.

오렌지 찹쌀경단

기본 찹쌀경단의 재료 중 물을 '100% 오렌지 주스'로 대체하여 같은 방법으로 만든다(사진E).

코코넛 찹쌀경단

데쳐서 식힌 기본 찹쌀경단에 코코넛 파인을 묻힌다(사진F).

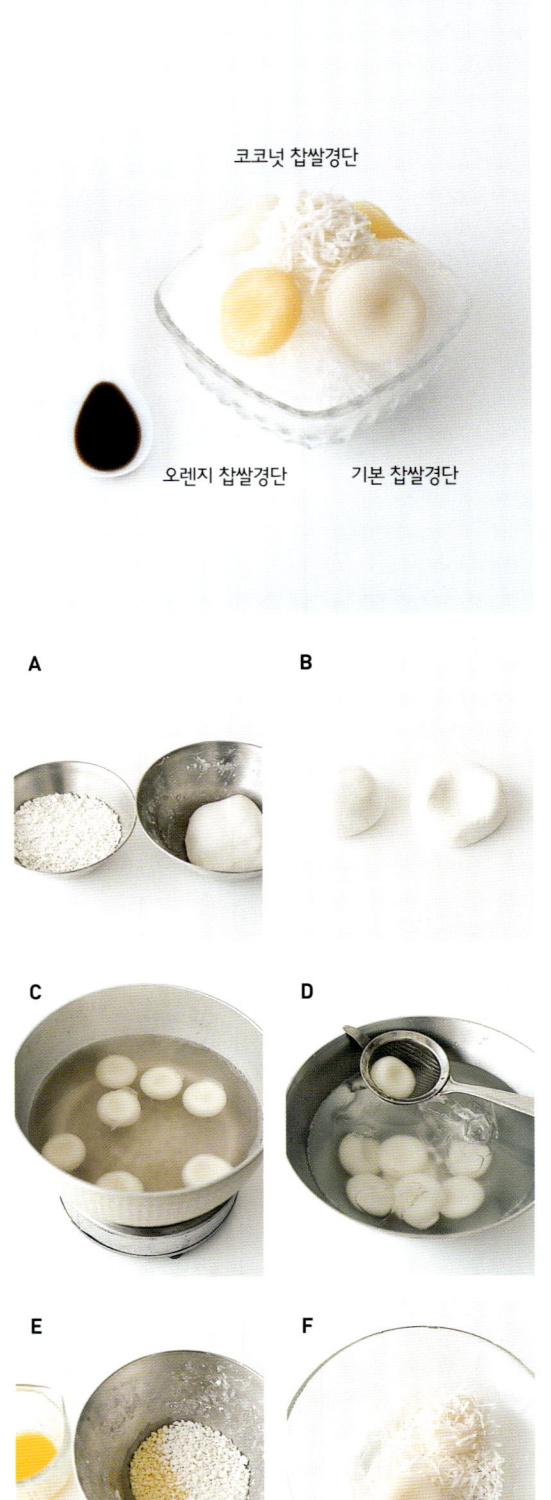

코코넛 찹쌀경단

오렌지 찹쌀경단   기본 찹쌀경단

A   B

C   D

E   F

수제 설탕 시럽과
건과 시럽 만들기

설탕 시럽이나 흑설탕 시럽, 건살구 조림 등은 모두 집에서 손쉽게 만들 수 있습니다. 거기다 시판제품 못지않게 맛도 좋으니 꼭 한번 만들어 보세요.

흑설탕 시럽　　설탕 시럽

건과 시럽

흑설탕 시럽

재료 만들기 쉬운 분량

흑설탕 200g

물 120㎖

1 작은 냄비에 재료를 넣고 약한 불에 올린다. 설탕이 완전히 녹을 때까지 국자 등으로 저으면서 가열한다 (끓일 필요는 없음).

2 한 김 식으면 깔때기 등을 이용해서 깨끗한 병에 옮겨 담고 냉장 보관한다(보존 기간 2주).

설탕 시럽

재료 만들기 쉬운 분량

백설탕 200g

물 120㎖

1 백설탕과 물을 믹서에 넣고 1분 정도 간다. 뿌옇게 변한 물이 다시 투명해질 때까지 2시간 정도 그대로 둔다.

2 1을 깔때기 등을 이용해서 깨끗한 병에 옮겨 담고 냉장 보관한다(보존 기간 2주).

건과 시럽

재료 약 300㎖ 분량

각종 말린 과일 (모두 더한 무게) 180g

물 500㎖

꿀 60g

설탕 50g

1 말린 과일에 뜨거운 물을 부어 잠깐 불린 다음 물을 따라 버린다.

2 법랑냄비에 1과 나머지 재료들을 넣고 강한 불에 올린다.

3 끓으면 불을 약하게 줄이고 나무주걱으로 크게 원을 그리듯 저으면서 걸쭉해질 때까지 15분 정도 더 조린다.

* 시럽의 농도는 취향에 따라 조절할 수 있습니다. 하지만 식으면 한층 더 끈적해지므로 '좀 묽지 않나?' 싶을 때 냄비를 불에서 내립니다.

4 3을 스푼으로 떠서 입구가 넓은 깨끗한 병에 옮겨 담는다. 한 김 식혀 냉장 보관한다(보존 기간 2주).

* 사진에 나온 건과는 살구, 딸기, 설타나, 건포도, 크랜베리입니다.

1년내내
맛있는 빙수의 세계

딸기 빙수

한여름에는 역시 새빨간 딸기 빙수! 딸기의 달콤한 향과 한 알 한 알 씹히는 맛을 그대로 살린 시럽을 직접 만들어 보세요. 딸기와 설탕, 그리고 바닐라만 있으면 본연의 향이 가득한 맛을 즐길 수 있습니다. 딸기 시럽은 잼을 만들 때보다 조금 일찍 불에서 내리는 것이 포인트! 여기에 연유를 살짝 더해주면 온몸이 떨릴 만큼 맛있답니다.

딸기와 차의 향기로 즐기는 봄 빙수

녹차 빙수

녹차와 팥앙금으로 만든 녹차 빙수. 일본에서는 우지킨토키(宇治金時)라고도
부릅니다. 차 생산지로 유명한 일본의 지명인 우지(宇治)와 팥앙금의 별명인
킨토키(金時)가 합쳐진 말입니다. 어릴 적부터 익숙하게 불러온 이름이라
어쩐지 제게는 이 이름이 더 맛있게 느껴진답니다.
아쉽게도 녹차의 맛과 향은 공기 중에서 너무 빨리 사라져버립니다.
미리 만들어두지 않고 그때그때 먹을 만큼만 설탕 시럽에 섞어주기!
이것만 기억해두면 청명한 초록빛의 아름다운 빙수를 즐길 수 있습니다.

귀여운 모양과 황홀한 색으로 즐거워지는 여름 빙수

백곰 빙수

백곰이라는 뜻의 시로쿠마는 어린 시절에 자주 사 먹던 빙수의 이름입니다.
어른이 되고 나서야 알게 된 사실인데 백곰 빙수는 일본 남단에 위치한
가고시마의 명물이라고 합니다.
주재료인 팥과 연유, 귤, 파인애플로 백곰의 얼굴을 한번 꾸며보세요.
아이들의 눈도 입도 즐겁게 해줄 간식이 된답니다.

블루베리 빙수

얼음 위에 그려 놓은 아름다운 자줏빛 농담화. 과육을 으깨지 않고
통째로 끓여서 만든 블루베리 시럽은 입안에서도 알알이 터지는 것이
먹는 재미가 있답니다. 일본에서는 7월이면 단맛이 무척 강하고
신선한 블루베리가 나오기 ㅅ 작합니다. 넉넉하게 만들어두고
여름 내내 그 맛을 즐겨 보세요. 간편하게 만들고 싶을 때는
냉동 블루베리도 추천합니다.

딸기 빙수

재료 약 380㎖ 분량

딸기 바닐라 시럽

- 딸기(생과일 또는 냉동과일) 1팩 (약 300g)
- 그래뉴당 250g
- 바닐라 빈 3cm

1 딸기는 살짝 씻어서 물기를 뺀 다음 꼭지를 제거한다. 알이 큰 것은 2~4조각으로 자른다.

2 1과 그래뉴당을 볼에 넣고 딸기에서 충분히 수분이 스며나올 때까지 3시간에서 한나절 정도 둔다.

3 칼로 바닐라 빈의 줄기를 길게 반으로 갈라 줄기째 2와 함께 법랑냄비에 넣고 강한 불에 올린다. 나무주걱으로 가볍게 저으면서 끓이다가 거품이 떠오르면 스푼으로 깨끗이 걷어낸다.

4 중간 불로 줄여서 시럽이 타지 않게 냄비의 바닥까지 골고루 저으면서 끓인다. 걸쭉해질 때까지 5~8분 정도 더 졸인다.

* 식으면 한층 더 끈적해지므로 '좀 묽지 않나?' 싶을 때 냄비를 불에서 내립니다.

5 4의 뜨거운 시럽을 스푼으로 떠서 준비해둔 깨끗한 병에 담는다(아래 사진). 한 김 식혀서 냉장 보관하면 2주 동안 먹을 수 있고 밀폐용기에 담아서 냉동 보관해도 좋다.

6 그릇에 얼음을 수북이 갈아 넣고 그 위에 5를 2큰술 끼얹는다.

* 냉동 딸기를 사용하는 경우에는 얼어 있는 상태 그대로 그래뉴당과 섞어서 1시간 정도 실온에 두고 자연스럽게 녹으면 냄비로 옮겨 담아 끓이는 것이 좋습니다.

녹차 빙수

재료 2인 분량

녹차 시럽

- 설탕 시럽 80㎖ (만드는 방법 67쪽 참조. 또는 시판 설탕 시럽)
- 가루녹차 1작은술

취향에 맞는 앙금 2큰술 (만드는 방법 64~65쪽 참조)
찹쌀경단 2개 (만드는 방법 66쪽 참조)

1 찹쌀경단은 지름이 1cm 정도가 되도록 작게 만들어서 준비한다. 가루녹차를 섞어서 녹차 맛 경단으로 만들어도 맛있다.

2 녹차 시럽을 만든다. 가루녹차를 체로 쳐서 자그마한 볼에 담는다.

3 2에 설탕 시럽을 조금씩 흘려 넣으면서 스푼으로 잘 개어 섞는다(작은 거품기가 있다면 사용 가능). 시럽을 모두 넣었을 때는 덩이가 남아 있지 않고 부드러운 액상이 되도록 한다(아래 사진).

4 사기 숟가락에 앙금을 담고 그 위에 찹쌀경단을 올린다.

5 그릇에 얼음을 3cm 정도 갈아 넣고 그 위에 3을 1큰술 두른다. 다시 그 위에 얼음을 갈아서 수북이 담고 남은 시럽을 모두 끼얹는다. 4를 곁들여서 각자 취향에 맞게 섞어서 먹는다.

* 녹차는 매우 빨리 산화되므로 개봉 후 반드시 밀폐해 냉장 보관하며, 되도록 빨리 사용하는 것이 좋습니다.

* 푸드 밀이 있다면 녹차나 호우지 차, 중국 차 등 취향에 맞는 차를 가루로 만들어서 설탕 시럽과 섞어도 맛있습니다.

백곰 빙수

재료 1인 분량

곰 얼굴

┌ 하귤 2쪽
├ 소금물에 데친 붉은 완두콩 2알 (만드는 방법은 65쪽 참조)
└ 파인애플 3cm 크기 1조각

토핑

┌ 통단팥 앙금 3큰술 (만드는 방법은 64쪽 참조)
├ 우무 3큰술 (만드는 방법은 79쪽 참조)
├ 소금물에 데친 붉은 완두콩 1큰술 (만드는 방법은 65쪽 참조)
└ 연유 1큰술

1 하귤은 한 쪽씩 떼어내 속껍질을 제거한다.
2 얼음을 갈아서 그릇의 80% 정도까지 채운다. 그 위에 통단팥 앙금을 올리고 가운데에는 우무와 붉은 완두콩을 얹는다(아래 사진). 그 위에 다시 얼음을 수북이 갈아 내린 다음, 손으로 가볍게 눌러서 봉긋한 곰의 머리 모양처럼 만든다.
3 2 위에 연유를 듬뿍 끼얹는다.
4 하귤을 양쪽에 하나씩 꽂아서 곰의 귀를 만든다. 붉은 완두콩으로 두 눈을 만들고, 한가운데에 파인애플을 꽂아 코를 만든다.

* 이 레시피에서는 모든 재료를 직접 만들었지만 통조림과 시판 통단팥 앙금을 이용하면 좀 더 손쉽게 만들 수 있습니다.

블루베리 빙수

재료 약 250㎖ 분량

블루베리 시럽

┌ 블루베리(생과일 또는 냉동과일) 200g
├ 그래뉴당 150g
├ 레몬즙 1개 분량
└ 물 40㎖

로즈마리 약간 (생략 가능)

1 블루베리를 물에 살짝 씻어서 먼지를 제거하고 상처가 난 것은 골라낸다. 냉동된 것은 해동시키지 않고 그대로 조리한다.
2 법랑냄비에 1과 그래뉴당, 레몬즙, 물을 넣는다. 블루베리의 과즙이 나와서 농도가 진해지도록 나무주걱으로 가볍게 섞는다.
3 2를 강한 불에 올려 나무주걱으로 가볍게 저으면서 끓이다가 거품이 떠오르면 스푼으로 깨끗이 걷어낸다.
4 중간 불로 줄여서 시럽이 타지 않게 냄비의 바닥까지 골고루 저으면서 끓인다. 걸쭉해질 때까지 7~10분 정도 더 졸인다.

* 시럽의 농도는 취향에 따라 조절할 수 있습니다. 하지만 식으면 한층 더 끈적해지므로(아래 사진) '좀 묽지 않나?' 싶을 때 불에서 내립니다.

5 시럽을 스푼으로 떠서, 준비해둔 깨끗한 병에 담고 한 김 식혀서 냉장 보관한다(보존 기간 2주). 밀폐용기에 담아서 냉동 보관해도 좋다.
6 용기에 얼음을 수북이 갈아 넣고 그 위에 5를 3큰술 끼얹는다. 로즈마리가 있다면 뿌린다.

색다른 시럽으로 더욱 맛이 깊어지는 가을 빙수

연분홍 생강 시럽 빙수

일본에서는 생강을 우려낸 물을 즐겨 마십니다.

은은한 분홍색이 나도록 레몬즙을 듬뿍 짜 넣고,

우린 생강도 바로 먹을 수 있도록 처음부터 얇게 저미는 것이

바로 저만의 스타일이죠!

생강을 시럽 상태로 농축시키면 오래 두고 먹을 수 있습니다.

만드는 방법도 그냥 끓이기만 하면 완성! 정말 간단하죠?

건과 시럽 두유 쉐화빙

쉐화빙(雪花氷)은 대만의 유명한 눈꽃빙수입니다.
원러는 우유로 만들지만 두유로 만든 빙수도
무척 맛있습니다. 꽃잎처럼 부드럽게 갈린 고소한
얼음 위에 달콤한 건과 시럽을 듬뿍 끼얹어 드셔 보세요.

푸른 차조기 시럽 빙수

차조기는 진한 풍미를 가진 허브입니다.
시럽으로 만들면 빙수에도 무척 잘 어울린답니다.
설탕 시럽, 레몬즙과 함께 믹서로 갈기만 하면
풍미 가득한 푸른 차조기 시럽을 즐길 수 있습니다.

뜨거운 요리의 마무리로 산뜻한 겨울 빙수

허니 레몬 눈토끼

상쾌한 레몬에 달콤한 꿀을 더한 허니 레몬 시럽.

피로를 풀어주는 산뜻한 맛을 담아

새하얗고 귀여운 눈토끼를 만들었습니다.

겉으로 스며 나온 시럽이 토끼의 보드라운 털을 적시지 않도록

시럽은 꼭 빙수 깊숙한 곳에 담아주세요.

살구 조림 빙수

시럽에 조린 새콤달콤한 살구와 우무, 소금물에 데친 붉은 완두콩을
곱게 간 얼음 위에 올린 일본의 빙수입니다. 흑설탕 시럽으로 맛을 내고
취향에 따라 찹쌀경단도 곁들여 먹지요. 맛도 모양도 화려한 이 빙수는
제가 가장 좋아하는 일본의 아이스 디저트랍니다.
시판 통조림으로 간편하게 만들어 먹을 수도 있고 직접 만든 살구 조림과
찹쌀경단으로 더욱 고급스러운 맛을 즐길 수도 있습니다.

연분홍 생강 시럽 빙수

재료 약 350㎖ 분량
연분홍 생강 시럽
┌ 생강 70g
├ 물 400㎖
└ 설탕 300g
레몬즙 1개 분량

1 생강은 깨끗이 씻어서 껍질을 벗기고 필러로 얇게 깎는다.
2 작은 냄비에 생강과 물, 설탕을 넣고 중간 불에 올려 20분
　정도 끓인다. 생강이 투명해지고 물이 절반 이상 졸아들면
　불을 끄고 레몬즙을 넣는다(아래 사진). 레몬의 산(酸) 성분
　이 예쁜 연분홍색을 낸다.
3 잘 씻어서 말린 깨끗한 보존용기에 2를 붓고 한 김 식혀서
　냉장 보관한다(보존 기간 2주). 밀폐용기에 담아 냉동 보관
　해도 좋다.
4 그릇에 얼음을 수북이 갈아 넣고 그 위에 3을 2~3큰술 끼
　얹는다.

푸른 차조기 시럽 빙수

재료 약 150㎖ 분량
푸른 차조기 시럽
┌ 설탕 시럽 140㎖ (만드는 방법 67쪽 참조 또는 시판 설탕 시럽)
├ 푸른 차조기 잎 10장
└ 레몬즙 2작은술
장식용 푸른 차조기 잎 1장

1 차조기 잎은 살짝 씻는다. 설탕 시럽, 레몬즙과 함께 믹서
　에 넣고 잎이 잘게 분쇄될 때까지 30초 정도 간다(사진 A).
2 잘 씻어서 말린 깨끗한 보존용기에 1을 붓고 냉장 보관한
　다(보존 기간 1주).
3 그릇에 얼음을 수북이 갈아 넣고 장식용 푸른 차조기 잎을
　곁들인다. 그 위에 2를 2~3큰술 끼얹는다.

건과 시럽 두유 쉐화빙

재료 1인 분량
두유 300㎖
건과 시럽 2~3큰술 (만드는 방법 67쪽 참조)

1 두유를 아이스 트레이에 붓고 냉동실에 넣어 얼린다(사진 B).
2 1을 아이스 트레이에서 꺼내 제빙기에 넣는다. 그릇에 얼
　음을 수북이 갈아 넣고 그 위에 건과 시럽을 2~3큰술 끼얹
　는다.

A

B

허니 레몬 눈토끼

재료 약 300㎖ 분량

허니 레몬 시럽

  ┌ 레몬 3~4개 (과즙 양 150㎖)
  ├ 물 50㎖
  ├ 그래뉴당 80g
  └ 꿀 80g

연유 적당량

레드 커런트 2개

조릿대 잎 2장

1 레몬은 반으로 잘라 착즙기로 즙을 짠다.

2 작은 냄비에 **1**과 물, 그래뉴당을 넣고 중간 불에 올려 1분 정도 끓인다(아래 사진).

3 불에서 내려 꿀을 넣고 스푼으로 저어서 완전히 녹인다. 이것을 깨끗하게 씻은 병에 깔때기 등을 이용해서 담고, 한 김 식혀서 냉장 보관한다(보존 기간 2주). 냉동 보관해도 좋다.

4 타원형 용기에 얼음을 3cm 정도 갈아 넣고 한가운데에 **3**을 3큰술, 그리고 취향에 따라 연유도 함께 끼얹는다. 그 위에 다시 수북이 얼음을 갈아 내려서 봉긋하게 토끼 모양처럼 만든다. 레드 커런트를 붙여서 토끼의 눈을 만들고 귀의 위치에 조릿대 잎을 꽂는다.

* 타원형 용기가 없는 경우 알루미늄 포일을 2~3장 겹쳐 속이 빈 타원의 반구 형태로 매만져 틀을 만듭니다. 그 안에 얼음을 갈아 넣고 시럽을 뿌린 다음 준비해둔 접시 위에 뒤집어엎으면 됩니다.

* 토끼의 눈은 구기자 열매나 남천열매(장식용)로도 만들 수 있습니다. 귀는 레몬 껍질이나 무, 당근, 오이를 가늘게 썰어서 만들어도 됩니다.

살구 조림 빙수

재료 1인 분량

우무 (만들기 쉬운 분량: 15cm 스테인리스 몰드 1개 분량)

  ┌ 막대 모양 우뭇가사리 1개
  └ 물 400㎖

건과 시럽의 살구 조림 4개 (만드는 방법 67쪽 참조)

소금물에 데친 붉은 완두콩 4큰술 (만드는 방법 65쪽 참조)

흑설탕 시럽 3큰술 (만드는 방법 67쪽 참조)

1 우무를 만든다. 막대 모양 우뭇가사리가 완전히 잠길 만큼 물을 가득 붓고 손으로 꾹꾹 눌러서 씻다가 작은 찌꺼기가 떠오르면 건져낸다.

2 **1**을 손으로 꽉 짜서 잘게 찢은 다음, 분량의 물과 함께 냄비에 넣고 중간 불에 올린다. 우뭇가사리가 완전히 녹아서 없어질 때까지 나무주걱으로 저으면서 약 3분 동안 끓인다.

3 물에 살짝 적셔둔 틀에 **2**를 붓고(아래 사진) 한 김 식으면 냉장고에 넣어 차게 굳힌다.

4 **3**을 1.5cm 정도로 깍둑썰기한다.

* 가루 우뭇가사리로 만드는 경우에는 물 400㎖와 가루 우뭇가사리 1봉지(4g)를 냄비에 넣고 중간 불에 올린다. 나무주걱으로 저으면서 2분 정도 끓인 다음 틀에 붓는다. 한 김 식으면 냉장고에 넣고 차게 굳혀서 1.5cm 정도로 깍둑썰기한다.

5 그릇에 얼음을 3cm 정도 갈아 넣고 그 위에 **4**를 전체적으로 깔는다. 붉은 완두콩을 올리고 다시 그 위에 얼음을 갈아서 수북이 담는다. 마지막으로 물기를 뺀 살구 조림을 올리고 흑설탕 시럽을 곁들여 취향대로 섞어 먹는다.

* 찹쌀경단(만드는 방법 66쪽 참조)을 작게 만들어서 곁들여도 맛있습니다.

ICHINENJYU OISHII ICE DESERT

Ricca Fukuda All rights reserved

Copyright ⓒ2014 Ricca Fukuda

Original Japanese edition published by SHUFU TO SEIKATSUSHA

Korean translation rights arranged with SHUFU TO SEIKATSUSHA

through Timo Associates Inc., Japan and PLS Agency, Korea

Korean edition published in 2015 by Chungaram Media

인공감미료 NO 색소 NO 첨가물 NO
건강하고 시원한 우리 집 디저트

여름에도 겨울에도
아사삭 아이스

지은이 후쿠다 리카 ┃ 옮긴이 이정언
1판 1쇄 찍은날 2015년 7월 27일 ┃ 1판 1쇄 펴낸날 2015년 8월 3일
펴낸이 정종호 ┃ 책임편집 김희정 윤정원 ┃ 마케팅 김상기 ┃ 제작·관리 정수진 ┃ 인쇄 한영문화사
펴낸곳 이끼북스(청어람미디어) ┃ 등록 2002년 4월 8일 제10-2349호
주소 121-914 서울시 마포구 상암동 1654 DMC이안상암1단지 402호
전화 02)3143-4006~8 ┃ 팩스 02)3143-4003 ┃ 이메일 ikki11@naver.com

ISBN 978-89-92935-27-2 13590
잘못된 책은 서점에서 바꾸어 드립니다. 값은 뒤표지에 있습니다.

이 도서의 국립중앙도서관 출판예정도서목록(CIP)은 서지정보유통지원시스템 홈페이지(http://seoji.nl.go.kr)와
국가자료공동목록시스템(http://www.nl.go.kr/kolisnet)에서 이용하실 수 있습니다.
(CIP제어번호 : CIP2015020421)